歌は録音でキマる!

音の魔術師が明かす
ボーカル・レコーディングの秘密

Kim Studio エンジニア&プロデューサー／洗足学園音楽大学 教授　伊藤圭一

RittorMusic

ボーカリストの
個性を引き出す魔法

ボーカリストは個性が大事！　完璧なピッチとタイミングを求めるなら、もはや音声合成技術で代用することが可能なのだから、現在でもボーカルをレコーディングする意義は、個性を引き出すことにこそある。そのためには様々なテクニックがあるのだ。

短所は長所の裏返し

　全てにおいて完璧な人などいない。必ず弱点や欠点はある。それを矯正しようとしても長続きはしない。ボーカリストとしての個性を伸ばすならば、弱点や欠点を受け入れて、それを個性として打ち出していくことが大事。欠点を指摘されたなら、あなたの個性を教えてくれたのだと捉えよう。

　もし高い声が出ないなら、それも個性。実は、頑張って出そうとしてる姿が感動を誘う。それは、楽に高音を歌える人には出せない、独特の魅力なのだ。

➡ 1-3『ボーカリストの個性を伸ばす』参照

幾多のビッグ・アーティストの声を聴いてきた、筆者が愛用するボーカル・マイクたち。数々の名曲を生んできた、大切なパートナーだ。最新機種からビンテージまで様々。全てに万能なマイクはないけれど、それぞれに魅力がある。人の声も同じ。個性を活かすことが大切。

音楽制作に欠かせないDAWと、そこにマイクの音を取り込むための、マイク・プリアンプ。人間味あふれるハートフルな歌は、実はテクノロジーに支えられている。

テクノロジーを味方にする

　ボーカルは、目の前の人にしか生声は届かない。ほとんどのリスナーはマイクを通した声を聞いている。小さな声しか出なくても、マイクで電気信号に変換されたなら、どれだけでも大きくできる。実際の声と、その加工方法で最終的なボーカルがキマる。テクノロジーを味方にすることで、アーティスト・イメージは、どこまでも広がっていく。

➡ Intro2
　『楽器にはない「ボーカル」だけの魅力』参照
➡ 1-3『ボーカリストの個性を伸ばす』参照

嫌いなテイクは宝物～NGテイクに隠されたヒント

　自分の写真を撮ったら、好きなカットだけ残して、嫌いなものを消してはいないだろうか？でもそれも、他人から見た自分の姿なのだ。

　レコーディングでも同じ。NGテイクをじっくり聞かずに捨てていないだろうか？　実はNGテイクこそ、ボーカリストの個性を伸ばすためのヒントが隠された宝の山だ。真剣に歌ったはずなのに、上手に歌えなかったのは何故だろう？　あえてNGテイクを聞くことで、自分の課題と可能性を見つけ出すことができるのだ。

➡ 1-3『ボーカリストの個性を伸ばす』参照

なんでこんなに歌いやすいの!?

「今日は歌いやすかった」
……ボーカリストからこんな感想が出た現場は、きっとうまくいっているはず。
歌いやすい環境を作っておくのは、
エンジニアやプロデューサーの大切な仕事のひとつだ！

歌いやすさの秘密

楽譜や歌詞を用意するとき、ただあり合わせの譜面台に、漠然とコピー用紙を並べていないだろうか？ 歌いやすい譜面台の置き方、マイクの立て方など、ちょっとしたことの積み重ねが、レコーディングのクオリティを大きく左右する。ボーカリストに不自然な姿勢を強いると、マイクと口との距離が不安定になってしまうからだ。

そしてエンジニアは、必ずボーカリストが歌いやすい、レコーディング用のモニター・ミックスを用意しておこう。その際のバスの組み方、プラグインの選択方法も、本書では詳しく解説している。

➡ 1-4『ボーカリストのための環境作り』参照
➡ 2-3『歌いやすいモニター・ミックス』参照

レコーディングは失敗するための場所

ヘッドフォンをして歌ったり、録音された自分の声を聞いたりするのは、慣れないうちは違和感があるはず。だけど、レコーディングをすると必ず歌がうまくなる。録って、聞く、直して、録る、もう一度聞く……真剣にレコーディングする機会を設けることで、自分を見つめ直すことができるのだ。ライブは楽しく、レコーディングは地味かもしれないが、未来の自分を育ててくれるのはレコーディングなのだ！

➡ **Intro 1**
『はじめに～「こんなことまで明かしていいの！？」』参照

クリックの魔法

DAWから自動的に生成されるクリックを、そのままボーカリストに送っていないだろうか？
クリックを一定の大きさで出すだけでは、静かなパートでは大きすぎるし、盛り上がったパートでは聞き取れず、ボーカリストは歌いづらい。一手間をかけて精緻なクリックを用意しておくと、歌いやすさはグッと向上する！

➡ **1-6**『クリックの魔法』参照

マイクを通せば世界に届く歌声

メディアを通じて聞くことのできるどんな声も、マイクを通したものだ。
マイクを通して電気信号に変換された声は、
時空を超えて多くの人に届けることができる。
マイク選びや、マイクの使い方の大切さがわかるはず。

CD、配信、SNS、YouTube、そして PA も、全ての歌はマイク越しの音

　リスナーはマイク越しの音しか聞いていない。だから、マイクの使い方もボーカリストの個性を決定する重要なファクターだ。本書ではマイクの説明をするのではなく、音の特徴やマイクとの関係を解説し、最適なマイクの使い方が理解できる。

　マイクを通して録音されたり PA された歌は、永遠に記録され、世界中に広がってゆける。

➡ 2-1『声はマイクで決まる』参照

上のマイクは、真空管が使われているビンテージ・マイク（Neumann ／ U-67）。一方、左のホールは、筆者が音響コンセプトを手がけた、イマーシブな音響施設『Artware hub』（早稲田）。

声をマイクに入れていく歌い方

マイクの正しい使い方を知らなければ、歌の魅力は決して伝わらない。ライブ・パフォーマンスのようなアクションをつけた歌い方をしても、レコーディングでは有効ではない。だけど、実はハンドマイクでレコーディングするのはアリ。なぜだろうか？

➡ 2-1
『声はマイクで決まる』参照

プロが使うヘッドフォンには秘密があった

レコーディングで使用するヘッドフォンは、必ず「密閉型」でなければならない。そのほか、実はプロが使っているヘッドフォンには様々な工夫がされているのだ。

➡ 6-2
『ボーカリストのためのヘッドフォン論』参照

一見、何の変哲もない普通のヘッドフォンに見える。しかし市販品のままではない。随所に手が加えられている。プロはどんな観点で道具を選び、どんなところに手を加えているのだろうか？　その秘密は……

アーティストが
秘密にしたがる録音手法

完全に外部から遮断された録音スタジオでは、
実はプロしか知り得ない録音手法が用いられている。
どんな手順で録音して、どうやって録り直すのか？
アーティストたちが秘密にしている手法を、本書で知ることができる。

え、そんなことしてたの!?

　1曲を通して歌うことにこだわりすぎてはいけない。プロの現場では、曲の頭から順番にテイクを重ねていくことは少なく、「Aメロ」「2回目のAメロ」「Bメロ」「2回目のBメロ」「サビ」「サビ2」……といった順番で録音されていくことが多い。
　しかも、マイク回線をトランスでパラして3台のマイク・アンプに送り、3トラック同時に録音していたりする。それはなぜなのか？
　歌い終わったらすぐにOKテイクを集めたプレイバックが聞けて、気になる箇所があれば間髪入れずにパンチインが始まる……ボーカリストにストレスを与えない、スムースな作業を実現するためのトラックの作り方や、ショートカットの設定も、実は存在する。エンジニアは録音前に何をしておくべきか？　本書では全てを公開する。

➡ 2-2『オーバー・レベルを回避できるパラレル・レコーディング』参照
➡ 2-4『テイクの録り進め方』参照
➡ 2-5『スムースなボーカル録音』参照

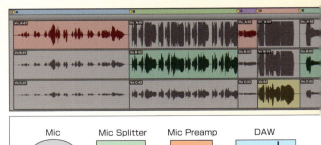

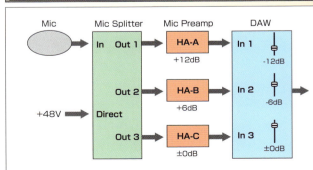

筆者をはじめ、世界中のアーティストやエンジニアが、絶大な信頼を寄せるスタジオ・モニター・スピーカー（Rey Audio／RM7V と KM1V）

プロデュースの基本は Please Listen

　ボーカルのプロデュースは、指示するのではなく、「Please Listen」が基本。自分自身で聞いてもらい、自ら気付いてもらうことが上達の近道。客観的に自分を見つめるためには、まず録音することから始まる。できるだけ高いクオリティーで録音したソースを、できるだけ良いモニター環境で聞くことで、色んなことに気づける。

　聞くことは、音楽を志す人全てに、とても大切なことだ。

➡ 2-4『テイクの録り進め方』参照

極上のボーカル・トラックを作りだせ！

OKテイクが1曲分出来上がったら、
それをつなぎ合わせてトラックを完成させていく。
パートごとに違和感のないよう、上手につなぎ合わせるためにはテクニックが必要だ。
また、どんなに上手いボーカリストであっても、
録音後にボーカル・トラックを洗練させるための加工が必要だ。

ベスト・テイクを生み出す魔法

OKテイクをつなぎ合わせて、1本のボーカル・トラックを作る際の、プロ技を公開する。言葉ごとにつなぐばかりではなく、なんと音が伸びている途中でもつなぎ合わせていた。長すぎる音は、語尾を絞ったり、タイム・コンプレッションするのではなく、途中を抜くことで、表情や音の切り際のニュアンスが残り自然になる。ただ波形をつなぐだけでは、つなぎ目がバレてしまう。テイクをつなぎ合わせるテクニックを知れば、違和感が生じないよう、音を伸ばす、音を短くする……そんなことも可能だ。

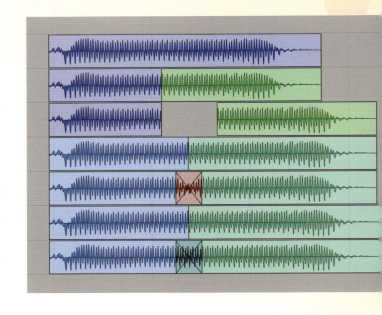

➡ 3-2『歌を編む』参照

筆者がレコーディングをしたり、編集やミックスダウンをするポジション。ここから、数多くの名曲や画期的なサウンドが生みだされている。締め切りに追われて夜通し作業が続くことも稀ではない。今こうしている瞬間も、おそらく音楽を創っているに違いない。

録ったあとに歌詞が変更できる!?

　すぐにボーカル・トラックを仕上げなければならないけど、スケジュールなどの問題で、どうしても録り直せない場合……そんな時には、波形を編集することで、録った後でも歌詞を変更することは可能だ。緊急事態の時のテクニックとして、頭に入れておくと、いつか役に立つはず。

➡ 3-3『歌詞を意識した編集』

ボーカルの魂を伝える
プロデュース術

ボーカルの最大の魅力は「歌詞があること」である。
歌詞を意識したサウンド・メイキングをしなければ、
歌詞がリスナーに伝わらず、ハートを揺さぶることはできない。

歌詞に込められたメッセージを浮き彫りにする方法

　日本語には、独特の語順がある。図のS、O、Vは、それぞれ主語（Subject）、目的語（Object）、動詞（Verb）の略。日本語は、最も重要な動詞の語順が最後になっている。

日本語	「私は」	「あなたを」	「愛している」	（S+O+V）
英語	「I」	「love」	「you」	（S+V+O）
ドイツ語	「Ich」	「liebe」	「dich」	（S+V+O）
中国語	「我」	「爱」	「你」	（S+V+O）

　日本語は最後まで聞いて初めて意味が理解できるのに対して、英語では、頭を聞いただけで言いたいことがわかってしまう。

　当然、求められるボーカル処理の仕方が全く違ってくる。つまり、日本語の歌詞に最適な処理方法があるのだ。

日本語	「走っては」	「いけません」
英語	「Don't」	「run」

➡ 3-3『歌詞を意識した編集』参照

歌が引き立つ曲作りとアレンジ

　ロング・トーンを歌うときは、母音を伸ばすことになる。「あ・い・う・え・お」のいずれかだが、「い段」のハイ・トーンは歌いにくい。響きとしても、決して綺麗ではない。

　例えば、「愛されて」という歌詞を「あいぃぃぃされて」と「い」を伸ばして歌うのか、「あぁぁぁいされて」とか「あいさぁぁぁれて」と、「あ段」で伸ばすかによって、メッセージの伝わりやすさも変わってくる。

　ヒット曲を連発する作詞家は、こうした音の響きも考慮している。録音でボーカルが抜けてこない理由の一つには、メロディーと歌詞のマッチングが悪いことも多々あるのだ。

➡ 3-4『作曲&アレンジと音作りの関係』

①"い"を伸ばす

②"あ"を伸ばす

③"あ段"の"さ"を伸ばす

日本語の歌が輝き出す

　日本語の発声を活かした歌い方がある。「ん」を除き、伸ばせば必ず母音で終わるのが日本語。一方英語では、「Dog」のように、子音で終わる言葉も多い。子音は倍音が多く短い音で、アクセントをつけやすく、変化に富んだサウンドが得られる。日本語が英語に比べ平たんになる理由だ。では、日本語の良さを活かすにどうしたらよいのだろうか？

➡ 3-3『歌詞を意識した編集』参照

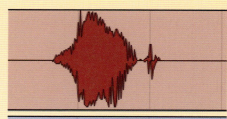
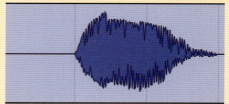

赤は英語で「Love」と発音。ビートを表す縦線に乗って、頭と終わりにアクセントがある。一方、青い方は日本語で「愛」。アクセントがほとんど感じられない。

プロの技を盗め！

近年はピッチ・コントロールの技術が発展したこともあり、
録音後にエンジニアが行える作業領域が飛躍的に広がっている。
だが、何を、どこまでやればいいのだろうか？
プロは録音後にどんなことをしているのだろうか？
プリセットや、オート・ピッチ補正に頼っているようでは、
ボーカルの個性を演出することは難しいのだ！

コンプ、EQ、ピッチ補正は、こう使う

　コンプや EQ をどんな順番でかけたらいいのか？　そして、ピッチ補正はどの段階で、どの程度まで行えばいいのか？　実はボーカル・トラックにいきなりコンプをかけてはいけない。まずはオートメーションを駆使してボリュームを整えるべきなのだ。その理由は……。
　その他、EQ、ピッチ補正の使い方もプロデューサー的視点から解説！

➡ 4-3『コンプで得られる 5 つの効果』参照
➡ 4-4『EQ は、倍音関係を意識して使う』参照
➡ 5-2『ピッチ・コントロールの実践』参照

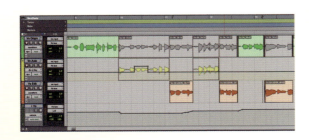

筆者のKim Studio（東京・南青山）。ここでレコーディングしたり、ここで成長しデビューしたアーティストは数多い。録音した歌を生々しく聞く環境と、ボーカリストを愛し支えるエンジニアやプロデューサーの存在は大切。

こんなことまで明かしていいの!?
～"音の魔術師"の技、公開！

　ボーカル曲のミックス・ダウンがうまくいかない……という声は多いが、実はミックス以前に問題をはらんでいることが多い。本書では、著者が蓄積したボーカル・レコーディングの理論を、一切の秘密なしに、すべて公開する！

歌は録音でキマる!
音の魔術師が明かす
ボーカル・レコーディングの秘密 [CONTENTS]

Intro 1	はじめに～「こんなことまで明かしていいの!?」	22
Intro 2	楽器にはない「ボーカル」だけの魅力	26
Intro 3	仕上がりの品質は録音やミックスが始まる前に決まっている	29

1章　ボーカルをプロデュースする

1-1　理想的なボーカル・トラックとは? ……………… 32
■ボーカル録音で生まれる悩み　■上手いボーカルとはどんな歌か?
■歌のメッセージを伝えるためにすべきこと　■技術によってボーカルの存在感を補う

1-2　「プロデュースする」という意識を持つ ……………… 36
■個性が大事　■プロデュースとは　■プロデュースで大切なこと
■センスは理論から　■テクニックは経験から　■大切なことは思いやり

1-3　ボーカリストの個性を伸ばす ……………… 43
■短所は長所の裏返し　■ちょっとだけ頑張ってみることも大事
■テクノロジーを味方にする　■録音時の人間関係が個性を左右する
■声の演出　■個性の演出

1-4　ボーカリストのための環境作り ……………… 50
■ボーカリストは体が楽器　■いつ録るのがベストか?
■ボーカル録音は2時間以内を目標に　■楽譜&歌詞カードの工夫
■譜面台の設置方法　■マイク・スタンドと歌いやすさ　■効果的なマイキング方法
■マイクとの距離は極めて重要　■服装にも気を配ろう
■ボーカリストの感情コントロール　■信頼関係が大切

1-5　ガイド・ボーカルの大切さ ……………… 62
■ガイド・ボーカルとは　■ガイド・ボーカルの録音方法
■仮オケで歌を録ることのメリット

1-6　クリックの魔法 ───────────────────── 65
■音楽的なクリックの作り方　■テンポ・マップの作成

2章　レコーディングの手順

2-1　声はマイクで決まる ───────────────── 72
■マイクとの関係で決まる声　■音は拡散する　■マイクとの距離と角度が重要
■ライブ・パフォーマンスとは違うことを意識する　■マイク選びは自分の耳で
■コンデンサー・マイクを手に入れよう　■ダイナミック・マイクだってOK
■ハンド・マイクも悪くない　■ウインド・スクリーン　■ノイズ対策
■マイクの持ち方、扱い方

2-2　美しい録音レベル ─────────────────── 90
■ひずみなき録り音を得る　■マイクとの距離
■モニターに左右されるピークレベル変動
■感情を込めるとレベルは上がるものなのか？　■波形に騙されない
■美しい録音はモニターで決まる　■ロー・カット・スイッチは入れない
■パッド・スイッチ

2-3　歌いやすいモニター・ミックス ──────────── 100
■ボーカル・モニターのEQ&コンプ　■ボーカル録りのリバーブ
■オケのモニター用ミックス　■肝心なことは、歌とオケのバランス
■あくまで"歌"中心にモニター・ミックスを作る　■エンジニア用のモニター・ミックス
■バック・トラックの遅延に注意　■録り音に影響を与える"モニター・レベル"

2-4　テイクの録り進め方 ───────────────── 112
■通して録るか、部分録りか　■録り進める順番　■美味しいテイクを導き出すコツ
■複数トラックに録音　■プレイバックを聴くことが上達のコツ

2-5　スムースなボーカル録音 ────────────── 122
■事前準備はトラック・インポートで　■メモリー・ロケーション
■小節管理は最低条件

2-6　声を重ねる　……… 127
- ■ダブル・ボイス　■バック・コーラス

3章　ボーカル・トラックを洗練させる

3-1　極上のボーカル・トラックを創り出せ！　……… 132
- ■世界でたったひとつの、自分だけの楽器　■ボーカル・トリートメントの必要性

3-2　歌を編む　……… 136
- ■テイクつなぎのポイント　■ブレス位置での編集　■タイミング補正とグルーヴ感の演出
- ■連続した波形の編集テクニック　■ロング・トーンを伸ばす
- ■ロング・トーンを短くする　■リズムを変える　■トレモロとビブラート

3-3　歌詞を意識した編集　……… 148
- ■日本語だけが、外国語と違う点　■日本語のリズム　■母音で終わる日本語
- ■音の切れ際を意識することで生まれる"グルーヴ"　■子音で始まる日本語
- ■日本語の特徴を活かした編集　■波形編集で歌詞を変更

3-4　作曲&アレンジと音作りの関係　……… 158
- ■アクセントやロング・トーンを意識して曲を作る
- ■声のおいしい帯域と楽器で演奏しやすいキーを見つけろ！
- ■楽器がボーカルの邪魔をしないアレンジを

3-5　ボーカル・トラックのノイズ除去　……… 164
- ■編集箇所のチェック　■別テイクを使うか否か　■綺麗なところを繰り返す
- ■波形を手書きしてノイズを消す　■プラグインを使って消す

4章　ボーカルに対するコンプ&EQの使い方

4-1　ボーカル・トリートメントの3つの手法　……… 170
- ■トリートメントすることの意味　■"音楽"の3要素と"音"の3要素
- ■録音の前後で6つのプロセス

4-2　音量の補正とアート表現 ················· 177
■ボリューム・オートメーションによる補正と表現　■マイクとの距離は極めて重要

4-3　コンプで得られる5つの効果 ················· 181
■コンプの用途　■歌にコンプを掛けるときの鉄則　■セクションごとにコンプを用意
■コンプの2段重ね

4-4　EQは、倍音関係を意識して使う ················· 190
■倍音を理解する　■周波数が固定であることを認識する　■操作法のキモ
■ゲインを稼ぐ方向でばかり使わない　■音量と音色の関係

4-5　コンプ& EQの複合技 ················· 200
■コンプとEQを組み合わせる　■コンプが先か？　EQが先か？
■コンプのサイド・チェーンを活用する　■録音時の掛け録りに関して
■モニター上のコンプ& EQで歌は決まる　■ロー・カットの注意点

4-6　マルチ・バンド・コンプのすゝめ ················· 208
■マルチ・バンド・コンプレッサーとは？　■ボーカル・トラックにインサートする
■ボーカル・バス・マスター　■トータル・コンプ

4-7　ダイナミックEQの活用 ················· 214
■音の変化に追従するEQ　■ボーカルに向いたEQ

5章　ピッチ・コントロール

5-1　ピッチの概念 ················· 218
■ピッチ・コントロールとは　■ピッチ・コントロールの目的
■積極的なピッチ・コントロールによる音楽表現　■メロディーやハーモニーを変更する
■ボーカリストの特徴をつかむことが大事　■ピッチを表現にどう活かすか
■平均律に縛られないピッチ表現を知りさらなる高みへ！

5-2　ピッチ・コントロールの実践 ················· 227

■表情豊かなボーカルを生み出すピッチ・コントロールの神髄
■イントネーションを付ける　■コンサート・ピッチの重要性
■ピッチ調整は"ダイアトニック・スケール"上で行うのが基本　■バックとの関係が重要
■ロング・トーンを魅力的にする手法　■ビブラートによる揺らぎ
■スラーによる滑らかなピッチ変化　■グリッサンドの部分は目立たせる
■組み合わせのセンスが大事　■自然な音質を保つためのトラック整理
■ダブリングによるコーラス効果　■ハーモニー・トラックの生成法

6章　歌いやすい環境のために

6-1　トークバックは神の声 ························· 246

■トークバックの重要性
■トークバックは心配りが大事　■トークバック・マイクの品質

6-2　ボーカリストのためのヘッドフォン論 ················ 250

■密閉型を選ぶ　■イヤー・カップ形状は大事
■イヤー・パッドの質感も重要　■装着の仕方も見逃せない
■ボーカル録りに向いた音質　■ヘッドフォン用フックやスタンド
■マイ・ヘッドフォンのすゝめ

Appendix　音楽で幸せに生きるために ················ 257

Concept Message　「音楽は耳から"効く"お薬」 ············ 269

あとがき ································· 270

【Column】

何のために音楽をやるのか？〜歌に滲み出る心	35
アーティストは自分のステージを体験できない	39
誰のために歌うのか	41
愛され、そして活躍するには	42
自分の本当の声は、一生聞けない	48
嫌いなテイクは宝物〜NGテイクに隠されたヒント	49

3つの魔法の言葉 ………………………………………………………… 61
窮地に追い込まれた時の、魔法の呪文 …………………………………… 61
ビールを飲む音の秘密 ……………………………………………………… 75
イヤモニの勧め ……………………………………………………………… 110
プロデュースの基本はPlease Listen ……………………………………… 121
タイミング合わせの専用ソフト VocALign ……………………………… 146
音楽は総合芸術 ……………………………………………………………… 163
プロデューサーとしての判断 ……………………………………………… 175
ビンテージ機器考 …………………………………………………………… 183
個性を創り出す ……………………………………………………………… 193
ボーカリストのダイナミクス・コントロール …………………………… 197
「只今」が◯ 「少々お待ち下さい」は× ………………………………… 248
ヘッドフォンは清潔に！ …………………………………………………… 256
イン・イヤー・ヘッドフォンの功罪 ……………………………………… 256

【Tips ～音の魔術師が明かす㊙テクニック】

イヤモニへ送る魔法の音 …………………………………………………… 70
マイクを傷めないセッティング方法 ……………………………………… 89
オーバー・レベルを回避できるパラレル・レコーディング …………… 98
エンジニア自身が歌ってみることが肝心 ………………………………… 108
ヘッドフォン・パンニングの裏技 ………………………………………… 109
メモリー・ロケーション活用術～ソング・ポジション編 ……………… 123
メモリー・ロケーション活用術～シーン・メモリー編 ………………… 124
発声アドバイス「ん」の歌い方 …………………………………………… 157
"吐息"演出テクニック ……………………………………………………… 188
プラグインの動作を制御するタイムマシン・テクニック ……………… 189
自然な響きが得られるリバーブ・センド・テクニック ………………… 198
トークバック・フット・スイッチ ………………………………………… 249
オーバー・イヤー＆イン・イヤーのダブル・ヘッドフォン …………… 255

intro 1

はじめに～「こんなことまで明かしていいの!?」

"こんなことまで明かしていいの!?"

それが、私の原稿を初めて読んだ編集者からのメールだった。

"「こんなことまで明かしていいの!?」と思うくらい、誰かに直伝されない限り知り得ないテクニックが満載されていて、この本はボーカルを録音する人のバイブルになりますね。"と続いていた。

確かに、プロの技は、一般に公開されることはない。それがプロとしてあり続けるための秘訣だからだ。秘密は師匠から弟子に受け継がれたり、本当の技は"盗む"しかなかったりする。普通は知ることができないからこそ、**プロとアマチュアの差は歴然としている**のだ。特に「レコーディング」に関しては、レコーディング・スタジオという隔離された空間で行われているため、その様子を見ることができない。ライブの様に、同じ空間で同じ音を聞くことさえ不可能だ。

■ 知る術がなく
メチャメチャなことを繰り返し遠回りしていた

私だって学生の頃は何も知らず、プロがレコーディングした音（CDやレコード）を聞いて曲を覚えたりコピーし、その中から録音技法も探っていた。『サンレコ』（サウンド＆レコーディング・マガジン）などの音楽雑誌を熟読して、小さな写真をルーペで拡大して機材のツマミの位置を知ろうとしていた。

その後、レコーディング・エンジニア＆プロデューサーとして、Kim Studio（南青山）を設立し、内外のトップ・ミュージシャンとレコーディングを繰り返すことで、生で見聞きするチャンスができ、"原盤制作"や"コンサート演出"を生業として技を磨いていくことになる。

今になって考えれば、あの頃は知る術がなくメチャメチャなことを繰り返して、遠回りしていた（笑）。あの頃の私に、今の自分のような存在がいてくれたなら、もっと早くから、もっともっといい音楽を作れたことだろう。そう思うと悔しいし、残念だ！

今や誰もがレコーディングをする時代。パソコンがあれば、誰でも音楽制作しマスタリングまでできるようになった。基本を知らずとも、見よう見まねで録音した音源がネット上にひしめき、録音に関する情報も溢れている。

　そこは流通による制御や検閲がなく無法地帯になっているため、とんでもないものも普通に流れている。その一方で、卓越したプロの技によってレコーディングされた音源も確実に存在するのだが、それが埋れてしまうくらいの勢いだ。何しろマキシマイザーで潰せばいくらでも音圧は上がるので、音量では負けてはいない。ネット上だけではない、カフェやレストラン、街中にも溢れている。

■秘密にしておいて、いいのだろうか？

　こうした状況を改善するには、どうしたらいいのだろうか？　私は真剣に悩んだ。公私共にもっと気持ちよく音楽が聞きたいものだ。素晴らしい音楽がもっと聞きやすい音で聞けたら、どんなに幸せだろう。そのためには、そうした音源を制限したり規制するのではなく、底上げをすればいいのだと思った。近道を教えてあげれば、どれだけの人に喜ばれることか……。

　そうしたこともあって、プロフェッショナルだけを対象とせず、一般の方々からの依頼を受ける窓口を作ったり、大学教授として未来のアーティストやクリエイターにも接している。

　日々締め切りに追われ、睡眠時間も不足する毎日で、大学での講義の時間を確保することは正直言って決して楽ではないが、次世代にノウハウを伝えることも私の使命と思うようになったし、逆にヒントをもらうことも多い（もし私に子供がいたなら、他人には教えず**こっそり伝授**していたかも知れない……笑）。

　そんな中で知ったのは、音楽は言語と同じだということ。家族や周りの人から聞いて単語や文法を覚え、普通に話せるようになる。音楽も同じだ。沢山の音楽を聴いて様々なメロディー、リズム、ハーモニーを覚えて、やがて自らも音楽を作れるようになるのだ。その時必要なものは、ガイドとなるお手本だ。しかし音楽は目に見えず、文字や絵でも表現できないので伝えにくい。ましてボーカル録音となると、歌声も十人十色、セオリー

intro 1

を見出しにくい。

　そこで、役立つ情報を濃縮してお届けするので、これを参考に、音や音楽の質の底上げをしていってほしい。

　ところで、先ほどの編集者のメールには、こう続けられていた。

"「好み」や「人それぞれ」で終わらせるのではなく、すべて理論に裏付けされているので非常に納得感の高い内容になっていると思います。"

　私が"音の魔術師"と言われる所以は、理論にある。**センスは理論から生み出される。音作りは理論が必須！**　それさえわかってしまえば、音を自在に操れる。貴方も"音の魔術師"になれるのだ。

　この書籍の一部は、『サウンド＆レコーディング・マガジン』で特集された記事をリライトしている。書籍化に向けて、見直して大幅に書き足したり修正しているが、リライトされた部分にこそ大きな価値がある。

　教科書的に始めから読む必要はなく、興味のある章から読んで頂けるように見出しを細かくつけた。また場合によっては、別の章に導いているので、そちらをご覧頂きたい。

　ボーカルに特化した記載になっているが、音処理に関してはソロ楽器にも使える手法を満載している。特に木管楽器などの吹奏楽器は、息を使うことでもボーカルに似ているので、編集技などはそのまま応用が効くはず。

　音の魔術師の「秘密」を公開するので参考にしてほしい！

レコーディングは失敗が許される場所

　私がレコーディングを大切だと思い、皆さんに推奨し、こうして本まで書いているのには深い理由がある。それは、レコーディングの素晴らしさに気付いてもらいたいからだ。

　歌は楽しい。1人だけでも声を出して歌えば楽しい！　2人で歌えばもっと楽しい！　皆んなで歌えば更に楽しい！！　沢山の人の前で歌うとワクワクする。

　歌が好きだから、この本を手に取ってくださり、読んで下さっているに違いない。そんな皆さんに、レコーディング（録音）することの意義や価値をご理解いただきたいと

思う。

　まずお伝えしたい魅力は、その時々の音を残せること。その時の自分が残せる。録音した音楽が見知らぬ街で流れたり、ネット上で世界中の人々に聞いてもらえる。未来に残すこともできる。ライブだってレコーディングすれば同じことができる。だから録音することをお勧めしているわけだ。

　しかし、実は本当に大切なことが、他にもある！

　レコーディングすると、歌が上手になるのだ！　実は、ライブを繰り返しても歌は決してうまくはならない。なぜならライブやコンサートでは間違いが許されないから、自分の力量の範囲で歌うことになる。しかし、**レコーディングは失敗が許される場所**。お客様がいるわけではないから、**新しい挑戦や実験ができる**。発声や表現を試してみて、それをすぐにその場で聞いて、確認する……しかもレコーディング機器で録音したものであれば細かな所まで聞き取ることができる。録って、聴く、直して、録る、もう一度聴く……**レコーディングを繰り返すことで、確実に実力が付いてくる**し、表現の幅が出てくる。

　ライブは華やかで、レコーディングは地味かもしれないが、未来の自分を育ててくれるのはレコーディングなのだ。

　もちろん、ライブがボーカリストを育てる部分だって沢山ある。直接目の前にいるリスナーに訴えるための表現手段は、歌声だけではないはず。緊張感の中で歌いステージ進行するには、慣れだって必要だ。観客から直接頂く拍手や声援など、ライブでなければ経験できない貴重な体験もある。

　大切なのは、ライブばかりを繰り返すのではなく、**真剣にレコーディングをする機会を設ける**ことだ。そのために、少々時間と費用を捻出する価値があることを忘れないでほしい。

intro 2

楽器にはない
「ボーカル」だけの魅力

　この世には数え切れない種類の楽器がある。しかし、人の声……すなわちボーカルには、どんな楽器にもない優れた点がいくつもある。

　まず、その表現力の豊かさ。人の声が持っている、自在に音量／音程／音色を操れるという特徴は、楽器にはなかなか真似できない。楽器演奏の表現力を賛美する表現として「まるで楽器が歌っているようだ」という言い回しがあるが、まさに楽器がボーカルを目標としていることを意味しており、ボーカルがいかに優れた表現力を持っているかを物語っている。

　そしてボーカルには歌詞がある。これは楽器にはない特権だ。楽器演奏でも感情表現は可能だが、言葉で思いをダイレクトに伝えられるボーカルには特別な力が宿っている。言葉は、音楽の源とも言える。遥か昔、人が病んだときの祈りや豊作に感謝する言葉が、やがて歌になっていった……とも言われている。そして言葉にはリズムがある。音程もある。語尾を上げると疑問文になったりもする。感情表現を音の大小や高低、そして音色を駆使して伝えられることは、まさに音楽に繋がる。さらに多国籍の言葉を組み合わせることで、同じ楽曲が様々に彩りを変えるなど、ボーカルだけに許された特権と言えよう。

　本書では、私・伊藤圭一がプロデューサー＆エンジニアとして作品を通して感じていた**「歌に込められたメッセージを浮き彫りにする方法」**を指南したい。ボーカルの魂を伝え、より良い作品に仕上げるために、エンジニアリングやパフォーマンスにとどまらず、様々な視点から録音作品としてのボーカル曲を見直していくことにしよう。

　この本を読んでくださっている方の多くは、ご自分の歌や仲間の歌を、より美しく、あるいはよりパワフルに響かせたい！　世界中に届けたい！　と思っているに違いない。そんな願いを叶えるために、私はこの本を書いている。

■ レコーディングによって獲得できる表現

　さて、先ほどボーカルの魅力に触れたが、もしボーカルが楽器にかなわない点がある

とすれば、音域の広さや最大音量、ピッチの正確さなどが挙げられる。しかし、それでさえ様々なテクノロジーによって克服でき、他の楽器に負けないパワーを手に入れた。マイクを通すことで音量はどれだけでも稼げるし、音色やピッチを補正することも可能になった。録音されたボーカルは、リズムや抑揚も自由にコントロールできるのだ。

　また、テクノロジーによって加工された声や歌がアーティストの個性になったり、楽曲の魅力になっている。生身の体による表現とテクノロジー（機材やその使い方）の組み合わせによって、音楽としての「歌」が生み出されるのだ。それは、食事が「素材の良さ」と「調理法」が相まって初めて「料理」として美味しくなるのと同様に、レコーディングやミキシングにおける操作（補正や加工）は、まさに「調理」と同じで、それはもはや歌の一部なのだ。

「声」　　　＋「テクノロジー」＝「魅力的な歌」　→　「感動」

「食材（素材）」＋「調理」　　　＝「美味しい食事」　→　「満足」

　しかし、テクノロジーによって様々なことが行えるからこそ、やみくもに調理せず、**"作りたいボーカル・トラックの完成形"**をしっかりとイメージして歌い、そして録音することが重要になってくる。その上で、それを加工することによって表現していくことで、魅力的なボーカルを作り出すことができるようになる。

　さて、ボーカル・レコーディングは非常に身近でありながら、プロのやり方、まして憧れとなるようなボーカリストたちのノウハウは、あまり公開されていない。なぜなら、それはアーティストが何度も繰り返して、ようやく見いだしたやり方であったり、長年守り育ててきたことで個性の源になっている部分だったりするので、**他人には知られたくない極秘のノウハウだからだ。**

　もちろんボーカルとは十人十色なので、録り方のバリエーションは非常に幅広く、王道があるわけではない。マイクのチョイスひとつにしても、あらゆる選択肢があり、まして録音機材の使い方まで含めれば、その可能性は無限。しかしその一方で、どんなボーカルにも共通するノウハウもまた存在する。それらをまとめたボーカル・レコーディングの解説書を……と、ずっと考えていた。そしてリットーミュージックのご支援により、ここにお届けできることになった。心から感謝している。

intro2

　レコーディングの解説書として難しくならないようにし、決してエンジニアの方々だけでなく、ボーカリスト、ソングライター、ディレクターやプロデューサーなど、ボーカル楽曲を作る皆さんが、それぞれの立場で必ず役立つ情報を届けられるように工夫している。ボーカル録りのバイブルとなるよう詳しく、かつわかりやすくまとめた。目次のタイトルを見て、気になったところからお読み頂ければ幸いだ。

■ 涙が流れる歌がある

　ボーカル曲は素敵だ。歌っている人も聞いている人も、その表現力と言葉で心を揺さぶられる。私はこの仕事を長年やってきているが、時折深く感動させられる歌に出会うことがある。昨日もコンサートのアンコール曲を聞きながら、涙が頬を伝った。歌詞に触発され、離れて暮らす大切な人に電話をしたりした。

　歌を聴いて感動するのは、知らない曲ばかりではない、よく知っているどころか、自分がプロデュースした楽曲を聴いていても……だ。当然歌詞は熟知しているし、ボーカリストもよく知っている。それでも心が震え涙を誘われることがある。オペ席で次の指示を出さなければならないのに、涙で霞んでステージが見えない……インカムから涙声のスタッフの声が聞こえる。そんな瞬間は確かにある。最高の歌を聞かされた時だ。それは、決して自己満足ではなく、最高のステージ演出ができた時でもある。

　あなたがそんな歌を歌えるように、そんなボーカル録音ができるように、お手伝いしていきたい。

intro3

仕上がりの品質は
録音やミックスが始まる前に決まっている

　私は、南青山にプライベート・スタジオ『Kim Studio』を持っており、毎日のようにそこに篭ってレコーディングやミックスダウンをしている。沢山のボーカリストやクライアントと仕事をしていると、要求は千差万別だし、作品のバリエーションも多彩。毎日毎日、工夫してこなしているうちに、独自の理論ができ上がり、新しい技を編み出し、あるいは新たな道具を開発したりもしている。しかし、それらが**どれほど特殊なことであるのか、他とどれくらい違うのか**など、考えたこともなかった。

■ サンレコ読者からのご質問に応えて

　ある時期から、リットーミュージックの『サウンド＆レコーディング・マガジン』編集部からご依頼を受けて、あらゆるテーマの特集を執筆させていただく機会を持つようになった。学生の頃お世話になった雑誌に恩返しする気持ちで執筆していく中で、ボーカル録音に対する反響が圧倒的に多く、次々とボーカル特集が生まれた。例えば以下のようなものだ。

『ボーカル録りのワークフロー』(2013年11月号)
『ボーカル・エディット＆エフェクトの勘所』(2014年2月号)
『表情豊かなボーカルを生み出すピッチ・コントロール・テクニック』(2014年5月号)
『ボーカルの魂を届けるプロデュース術』(2014年10月号)

　こういった企画を、誌面や電子書籍としてご覧いただいた方も多いのではないだろうか。おかげさまで、企画が回を重ねるごとに、質問や相談、次の企画に対するリクエストや激励などたくさん頂くようになり、**自分が独自に編み出してきた手法が、実はとっても便利であるのに皆さんはご存知なかった**ことを知った次第だ。

　本書には、その時に頂いた質問に対する回答もたくさん盛り込んでいる。また雑誌ではスポンサーに気遣って書けなかったり、誌面の都合で割愛した項目もふんだんに盛り込んだ。

intro3

■ ミックスダウンだけで頑張っても歌は伝わらない

　ところで私は、大学教授として講義やレッスンを行う中で、レコーディングやPAを専攻する学生さんからダイレクトに質問を受ける機会がある。10〜20代の学生には既成概念に囚われない斬新な感覚があり、固定観念にとらわれたメーカーやベテラン・エンジニアからは絶対に聞かれないような要望やアイディアがあって素晴らしい！　いつも私を驚かせる。

　それから最近では、個人の方からもレコーディングやミックスダウンのご依頼を受ける窓口を設けたことで、皆さんがどこで悩み、どこで行き詰まっているのかを具体的に知るようになった。

　ミックスを依頼され、お預かりした録音データを実際に拝見すると、実は意外にも、**ミックス以前の問題をはらんでいるケースが非常に多い**ことに驚く。技術以前の問題だ。そのままでは、いくらミックスダウンで頑張っても、メッセージが伝わる歌にはならない。でも、ちょっとアドバイスをするだけで、見違えるように変わるのも事実。もちろん私のミックスダウンも映えるようになる。だから本書では、歌う以前の意識の持ち方や、レコーディングの前段階における準備の仕方についても詳しく解説している。ボーカルのメッセージが伝わるための具体的なノウハウを、様々な観点から見ていくことにしよう。

1章
ボーカルをプロデュースする

1-1

理想的なボーカル・トラックとは？

　ボーカル録音の具体的なノウハウを解説する前に、「理想的なボーカル」について考えてみよう。目標がはっきりしなければ、方法論は決まらない。
　「人の心を捉えて離さない」あるいは「感動で心が震える」ようなボーカルが、音楽表現として最高であることには異論がないだろう。ではそのためには何が大切で、どんな知識やテクニックを駆使して作られるのだろうか？　それを考えるのに必要になるのが、「プロデューサー的な視点」である。

■ボーカル録音で生まれる悩み

　「どうしたらオケに負けずにボーカルが前に出てきますか？」一番多いのが、この類の質問だ。レコーディングしていると、様々な悩みがあることだろう。「歌詞が明瞭に聴き取れない」「生で聴いた良さが、録音からは感じられない」「もっと美しい声にしたい」などなど…。
　実は、これらはレコーディングやミックスだけで解決できる問題ではない。そこには、非常に幅広く奥深い技や想いが込められている。どうしたらボーカルに存在感を出し、メッセージが伝えられるのか？　歌に込められたメッセージを浮き彫りにするためには、どうしたら良いのか？　そこで使える神の手や、魔法の技を追ってみたい。

■上手いボーカルとはどんな歌か？

　「ボーカリストが上手ければ録音は簡単にできる」「ボーカル・トラックが上手く仕上がらないのはボーカリストの技量のせいだ」などと考えている人もいるかもしれない。
　では"上手いボーカル"とは、どんなボーカルだろうか？　ピッチやリズムの正確さが一番重要だろうか？　いや決してそんなことはない。むしろ微妙な"ズレ"こそが表情となる……正確無比で完璧な音程やリズムに対して、どこをどれくらいズラすのか、

その違いをどうやって盛り込むか……ということが大切だ。それこそがアーティストにとって最も大切にすべき"個性"なのだから。そこには、無限のアプローチがあり、無限の結果がある。しかし、テクニックを論じる前に、考えなければならないことがある。それは、歌が持っているメッセージを伝えることだ。

■歌のメッセージを伝えるためにすべきこと

「なぜ、歌うのですか？」と聞かれたら、あなたならどう答えるだろうか？ **音楽はメッセージ**だ。作者やボーカリストは、何かを伝えたくて、音楽にメッセージを乗せて発信しているはず。まず、そのモチベーションが大切なのだ。単なるファッションであったり、テクニックに走り過ぎた音楽や、名誉欲や金銭が目的の音楽では、人の心を動かすまでには至らない。**人が何かに情熱を傾けている姿は、本当に美しい。そこから発せられるメッセージは必ず人の心を揺さぶる。**

実は、私が一般の方から直接レコーディングやミックスを引き受けることを始めた最大の理由は、そんな感動に触れたことがキッカケだった。いわゆる"仕事"でお引き受けする音楽プロデュースは、ある意味で目的が決まっている。まずビジネスを成立させることが、私たちプロには課せられる。しかし、ピュアな音楽に触れたとき、心が洗われるのだ。仕事では出会えない方や音楽に出会えることがある。売れることばかり考えて歌う人には醸し出せない、ハートフルな味があるのだ。

ただ非常に残念なことに、個人では限界がある。感動をリスナーに伝える術(すべ)を持たなかったり、折角そのチャンスがあっても、レコーディングやミキシングのノウハウが不足していることで、その魂が伝わらず、世に認められなかったり、いわゆる"プロ"の後塵を拝している例を見ていると、本当にもったいないと思う。伝えたいのに…伝わらない…伝えられない……そんな思いで真剣に悩んでいる方々に、私が本書でお伝えするノウハウは必ずや役に立つはずだ。

みなさんは、とかくミックスに頼りがちではないだろうか？ あるいは、ボーカル・トラックに対するEQやコンプで何とかしようとしていないだろうか？ しかし実は、ミックスは勿論、レコーディング以前の問題も多々あるわけで、総合的に改善していかなければ、メッセージが伝わるボーカルにはならない。**ミックスであれこれ悩むよりも、他**

1-1

のちょっとしたコツで、**簡単に解決できることもある**。魅力的でメッセージが伝わるボーカルのために、各分野、各ステップごとに、多角的に捉えてトータルにアプローチしていこう。

■技術によってボーカルの存在感を補う

　さて、録音やミックスに取り組む前に一度、考えてみて欲しい。ボーカルって、もともとそんなに存在感があるだろうか？　ドラムやエレキ・ギター、ピアノなど、多くの楽器は、声よりも遥かに音量が大きくて、帯域の広い音を発するわけだから、一緒に演奏したなら敵わなくて当然だ。それを、録音方法やミキシングによってパワーを補うことで、音楽的にバランスを取っているだけなのだ。**物理的にそれぞれの楽音をコントロールしたり組み立てることで、音楽として成り立たせている**。それこそが、**音楽レコーディングの醍醐味であり、音楽制作の魅力**だ。

　同じことがライブ・パフォーマンスにおけるPAにも言えるが、本書ではレコーディングを中心に、いわゆる**原盤制作**（作品作り）に関して考察していく。

Column

何のために音楽をやるのか？〜歌に滲み出る心

　ボーカリストの実力は、以前に比べ平均的に向上していると言われている。カラオケやマイナスワンの音源が容易に入手でき、バンド活動も身近で、テクニックを学ぶためのスクールやセミナーも多く存在する。それだけでなく、スマートフォンや携帯プレーヤーで沢山の曲を持ち歩けたり、YouTubeなどで簡単に音楽が聞けるなど、音楽環境も充実している。また、楽器や機材の品質が向上し、安価な装置でもそこそこの音質で録音できることで、音楽制作（レコーディング、CDプレス、配信）の間口は、飛躍的に広くなった。

　そこまでの環境は、皆さん同じだ。では、そこから抜きん出て、アーティストやボーカリストとして評価されるにはどうすれば良いだろうか？

　もちろん色んなことの複合技だし、1人でできることばかりではない。しかし、一番肝心なことは**「なぜ音楽をやるのか」という目的意識**だ。ボーカルなら「なぜ歌うのか？」「誰のために歌うのか？」「何を伝えたいのか？」という気持ちは必ず歌に現れる。何気ないことのように思うかもしれないが、スカウトのプロはもちろん、一般のリスナーやファンも、無意識のうちにそれを感じ取っている。それは、歌詞の内容でもなければ、ライブ会場の設備やキャパの大小でもない。心が震えるボーカルは、たった1人の前でも、数万人の大きなステージでも、歌心は同じなのだ。

　そして、そこから「何を期待するのか？」　その答えを自問自答してみて欲しい。何を幸せだと感じるのか？　それは人として一番根底にある魂なんだと思う。

1-2

「プロデュースする」という意識を持つ

　普段、意識していない人も多いと思うが、どんな録音の現場でも、方向性や手順などの意識決定を行うプロデューサー的な立場の人間が必ず必要となる。プロデュースするという視点を持つことが、ボーカル・レコーディングを成功させるひとつの鍵となる。

■個性が大事

　先日、「僕は歌が本業じゃないんです」と自負する人気声優さんのボーカル録りで感じたことがある。歌の"音楽としての表現"は、レコーディング・エンジニアの手によって自由自在に操れるけれど、ボーカリストの持っている「声」や「歌い方」の個性が大事で、それは簡単には作り出せない。つまり、音量・音程・リズムは、DAW上で自由に編集が可能で、音量もピッチもコンピューター上にカーブを書けばその通りに歌わせることができる【→4-2、5-2参照】。リズムは時間軸を動かせば正確にすることもグルーヴを出すことも可能【→3-2参照】。しかし、そうして作られたある意味で完璧なボーカル・トラックには出せない「味」というものがある。ボーカリストの魅力とは、そんなところにあり、彼が人気者でいる理由もそこにあり、アーティストには必須な要素だと思う。

　そして、その「味」を消すことなく、個性として最大限に引き立てるのがプロデューサーの任務なのだ。

■プロデュースとは

　ボーカル録音では、ボーカリストとは別にプロデューサーやエンジニアが存在するケースと、自分の歌を自ら録音しセルフ・プロデュースするケースがあるだろう。ここでは、その双方を想定して話を進めることにする。

　ボーカルがどれだけ素晴らしくても、そのままでは目の前のわずかな人にしか聞いて

もらえない。それをより沢山の人に届けるには、大きく2つの方法がある。1つは録音してCDや配信で届けること。もう1つは、ライブ会場でPAを使って届けること。そして、音楽をそういった形にしていく行為を制作（＝プロデュース）と言う。

この録音行為は「音楽制作」、ライブは「コンサート制作」と言われ、皆さんは、そのいずれか、またはその両方に興味があり、もしくは既に携わっておられることだろう。

「音楽制作」というと、それを作り上げる全体予算や販売方法まで含むし、「コンサート制作」というと券売や宣伝などビジネス的な意味合いまで含まれるが、ここではビジネス面は含めず、あくまでもその中身である、芸術的なデータを作ることをメインにお話しする。だから、マスターを作るまでの行為ということで「原盤制作」、そしてコンサートの内容を考えるという意味で「コンサート演出」と呼ぶことにする。

そしてその両者こそが、私の最も得意とすることであり、私が代表を務める『株式会社ケイ・アイ・エム』そして『Kim Studio』の業務だ。**価値のある「原盤制作」ができれば、それをレコード会社や放送局、映画会社などメディアが複製して販売してくださったり、放送や配信して頂くことができる。感動できる「コンサート演出」ができれば、全国各地や海外から依頼を頂いたり、ツアーとして持っていって再現してくださる**わけだ。

ここでは特に原盤制作にフォーカスし、一番人気のボーカル楽曲の原盤制作の手法、作業手順、心得をお話ししていく。つまり、**音源が1人歩きして世界中に広まっているような、原盤として価値のあるものを制作する手法**だ。その中で使われる技の多くは、ライブ・パフォーマンスでも活かせる。

プロフェッショナルであろうが趣味であろうが、ボーカリスト、エンジニア、プロデューサーなど、色々な立場の方にお読みいただいても価値ある情報となるよう務めている。

■プロデュースで大切なこと

CDが生まれた頃から、サンプリングやデジタル・エディティングの進化によって、アコースティック楽器の代わりをするような音源が生まれ、生楽器が一切関わっていない楽曲が当たり前になった。さらに、演奏家が介在しない音楽があるのと同様、ボーカリストが実在しなくても歌唱楽曲を制作することができるし、そうして作られた楽曲が大きな収益を上げている例が多々あることも事実。一方、映像の世界は既にもっと進んで

いて、映画がＣＧによって作られ、まるでアニメ作品のように映像に役者が1人も出演しないことも珍しくない。現状では、アニメ映画やＣＧ映画であっても、声だけは生の人間が演じている。しかしそれとて、すべてを音声合成にて作り出すことが可能になっている（その一方、声優人気をビジネス的に活かしたいという狙いがあるなど、技術的な側面だけで片付けられない理由も存在する）。

そう考えると、やがてはボーカル……延いては声さえも、生音は必要なくなる時代がくるかも知れない。技術的には、すでに可能となっている。その時に大切なことは**「どう歌わせたいか」という「意志」や「目的」であり、そこに生み出される唯一無二の「個性」**だ。個性が必要なのは、作品や楽曲の場合もあるだろうし、それをパフォーマンスするアーティストやボーカリストの場合もあるだろう。そして、他にない個性を生み出すことこそが、プロデュースなのだろう。

■センスは理論から

「センスが良い」という言葉をよく耳にする。音楽では、メロディーやコードに対する感覚や楽器の組み合わせなどに、センスの良さを感じることがある。そうした作品を生み出しているクリエイターやプロデューサーと接すると、いつも感じることは、**センスの良さは決して「思いつき」とか「ひらめき」ではない**ということ。実は**深い理論に基づいている**のだ。

バランス感覚とか、組み合わせの妙技は、すべて理論に基づいている。適当にやってみて取捨選択することも可能だろう。2つや3つの組み合わせならそれでも何とかなる。しかし音楽に関わる要素は非常に多く超複雑だ。たくさんの楽器や音源を組み合わせて、それらを膨大なプラグインなどでコントロールし、バランス感覚を持ってミックスしていくには、理論的なバックボーンがないと他人を感動させるものは作れない。もし運よくできたとしても、それは偶然にすぎず、安定して作り続けることはできない。また、同じ手法を繰り返すだけでは、ワンパターンになってすぐに飽きられてしまう。理論はこの書籍からも学び取ることができるので、是非センス（＝理論）を身につけてほしい。

■テクニックは経験から

　サウンド・メイキングは、経験がものをいう。音源とプラグインの相性などはその最たるもの。やってみながらカット＆トライでも出来なくはないが、恐ろしく時間がかかる。また、そうしたことは本来、自ら経験をして積み重ねるべきだが、自分では思いつかない技も沢山あるので、他の作品をチェックしたり、この本のような情報源でそれを補うことも必要だろう。また、**自ら編み出した技であっても、適切な場面で適宜呼び出せる術が必要**だ。そのためには、例えば、データのファイルネームの付け方を工夫したり、データ・ベース化するなど管理しておこう。

Column

アーティストは自分のステージを体験できない

　某大物アーティストが、ファンの方から「あなたは、世界一不幸な人だ」と言われたことがあるという。

　怪訝（けげん）に思ってその意味を尋ねたところ「だって、あなたは●●●●さんのステージを見ることができないから……」と、自分自身のステージを見れないという意味だったとのこと。

　これは最高の誉め言葉だ。そして確かに、その通りだ！　絶対に見ることも聞くこともできない。ビデオで見ても、生で見たような臨場感は決して体感できない。つまり、ステージに立つ者は、自分がお客様からどんな風に見られているのか、あるいは聞こえているのかを実体験することはできないのだ。

　だからアーティストは、自分の目や耳の代わりとなって体感し、それをフィードバックしてくれる人が必要なのだ。それがプロデューサーだ。エンジニアだったりマネージャーだったりすることもあることだろう。アーティストが最も信頼できる"他人"だ。

　深い愛情を持ちながらも、**客観的にアドバイスできる冷静さ**と、それを支える**知識や経験**が求められる。

　もしあなたがボーカリストで、そうした人が身近にいたなら、あなたは世界一幸せな人かもしれない。そして、もしまだそういう人に出会えていないなら、出会えるまでは、**レコーディングすることが最大の近道**だ。なぜなら、自分の歌を録音し客観的に聴くことを繰り返して気付くしかないからだ。前述したように、生で第三者が聴くほどの臨場感はないかもしれないが、少なくとも、何百回、何千回歌っても、"聴く"ことを怠っては、上達などあり得ないのだ。

1-2

■大切なことは思いやり

　対象となる**作品やアーティストに対して愛情を持って接する**ことは、プロデューサーやクリエイターにとって最も大切。また、**リスナーに対しての真心**も必要だろう。自分がやりたいことがあるのに、それでは相手にされないからという消極的な理由で、「不本意なものを我慢して作っている」という意識では、決して良いものはできない。自己犠牲を感じながら他人への奉仕などできはしない。

　目的意識はとても大事で、売れたい…という思いばかり先行したり、自分のやりたいことだけやっていても、必ずしも良い結果が出るとは限らない。目的を明確にして、モチベーションを保つ工夫をしよう。自分なりに課題を見つけたり、目標を設けるなどして、**自分自身が楽しみながらそこに挑戦できる状況に持っていく**ことが大切だろう。**飽きない工夫を常にできる人がプロとして生き残れる**。自分の性格を一番知っているのは自分自身なのだから、それをコントロール、すなわちプロデュースする。それはアーティストが自分自身でも他人でも基本は同じことだろう。

　やがて、**苦しむことなく取り組み続けられるようになる**だろう。そこまで**自分を持っていけることこそが"才能"**と言える。それだけは、教えることができない。だから才能なのだ。

　音楽とか歌に、実は良し悪しはないと言える。数学のように正しい答えなどなく好みの世界だから。だけど好き嫌いはあるので、**好きだと思ってもらうためのコツ**は存在する。「好き」と言ってもらえるためには、どうすればいいのか？　次のブロックでは、音楽を好きと言ってもらい、アーティストとして評価してもらうためのノウハウに迫りたい。

Column

誰のために歌うのか

　子供の頃、近所の公園でのど自慢大会があり、西城秀樹のヒット曲を変わった演出で歌って、賞を頂いたことがあった。爺ちゃんっ子だった私は、祖父に褒めてもらえると思って走って帰り報告した。ところが「お前1人が楽しんでどうする!?」と、予想外の言葉。

　応えられずにいると…「何のための大会やと思う？　ご近所の人がみんなで集まる夏祭りを盛り上げて楽しんでもらうためやろ？」

　確かに、お客さんのこととか、同じにステージに立った友達のことなんて、すっかり忘れていた。さらに祖父は「世話役の方にお礼は言ったか？」と続けた。前々から準備して、野外ステージを組んだりカラオケを用意してくれた人たちのことなど、全く考えていなかった。返事できずにいると

「今からでも遅くないから、"ありがとうございました"って、伝えといで…」

　歌は楽しい。みんなに聞いてもらえたら嬉しい。でも、一番価値があることは、自分が賞を取ることではなく、自分が目立つことでもなく、**歌で人を幸せな気持ちにすること**なんだ……と悟った。あれから、長い時が過ぎ、規模こそ違えども逆の立場になった今、アーティストから「ありがとうございました」と言われるたびに、祖父からの教えを思い出す。そしていつも頭から離れないのは「**どうしたらお客さんは楽しんでくださるだろう？**」という思いだ。**リスナーを満足させること**だ。

1-2

Column

愛され、そして活躍するには

プロデュースとは何か……プロデューサーにとって何が大切か……を考える一方で、ボーカリストやアーティストとしてプロデューサーから愛され抜きされるためには、どうしたらいいか……について考えてみよう。

センスや才能、技術や容姿など、様々な要素はあれども、**一番重視されるのは、一生懸命に取り組む姿勢、つまりやる気だ**。新人でもベテランでも基本は同じ。「一生懸命」さが一番。「やる気」を感じられる人が愛される。

例えば、ちょっと音程が高めのフレーズがある楽曲を録音することになったとしよう。楽曲イメージに合わせて、少し無理して頑張ってみてもらおうか…ということで、アーティストの声域ギリギリのキーにわざと設定したとする【→1-3参照】。そんな時、「高くて歌えないので、キーを下げてください！」と言うアーティストがいる一方で「高いから上手く歌えないかもしれないけど、頑張ります！」と言ってくれるアーティストもいる。仕掛け人が無知なために、無理なキー設定にしているなら、素直に変えてもらうべきだろう。しかし、狙ってそうしたいと思っているにも関わらず、安易にキーを変更させる姿勢は決して好まれない。もちろん、ただ高ければいいわけではない。一番いい声で歌うことが一番大切なのだから。しかし、プロデューサーや作曲家が、なんらかの狙いがあって決めたことであるなら【→3-4参照】、頑張って挑戦しようとする気持ちを持てることや、それを態度で表すことだ。もっとも、中には劣悪なレコーディング環境もあるだろうから、自分にとって無理のないレコーディングができる環境やスタッフなのかを見定めることも必要ではあるだろう。

歌は、身体を使って表現する音楽。心の持ちようがそのまま音になって伝播する。心を映す鏡のようなもの。**一生懸命に取り組む姿勢は、聴く者の心に突き刺さる**。長く愛されているアーティストの歌には、そんな姿勢が根底に感じられる。

少し高めのフレーズをいかにして歌いこなすか。そんな挑戦をしてくれたあるアーティストが帰り際に「今日は新しいことにトライできて良かった…」と言いながら嬉しそうに帰っていった。彼が人気者であり続けるのがよく分かる。これからもずっと活躍してくれるに違いない。

1-3

1章　ボーカルをプロデュースする

ボーカリストの個性を伸ばす

　前節でも書いたように、アーティストは個性が大事！　他にはない唯一無二のサムシングが必要だ。人気のあるボーカリストには、独特の魅力がある。では、いかにその個性を演出するかを考えてみよう。

■短所は長所の裏返し

　ボーカリストの個性を伸ばすためには、その人なりの特徴を捉えることが必要。すべてに完璧な人などいない。必ず弱点や欠点はある。しかしその**短所こそが特徴**となりうる。**普通じゃないからこそ個性**。そして大切なことは、その**短所は裏返せば長所にもなる**ということだ。

　欠点を無理に克服しようとする必要はなく、それを受け入れつつ、あるいはそれを活かして、個性とすることを考えよう。無理をすれば、必ず歪みは生じる。強制的な姿勢は、一時的には耐えられたとしても長くは続かず、やがて破綻することになる。あなたが音楽と長く付き合いたいなら、一生音楽を楽しみたいと願うなら、**無理して直そうとするのではなく、それを受け入れて個性とする**ように開き直ってみてはどうだろうか。

　そのためには、まず自分に不足していることを自覚する冷静さを忘れないで欲しい。欠点を他人に指摘されたら、悲しいのはわかる。悔しかったり腹立たしい気持ちから、それをバネに頑張るのもいいだろう。しかし、生身の体はそう簡単に矯正できるものではない。だから、**欠点を指摘されたなら、あなたの個性を教えてくれたのだ**と捉えよう。他人が普通にできることを自分はできないとしたら、**人とは違う部分が明らかになった**と考えてみよう。そして、**出来ないことを悩むのではなく、他にできることを探してみよう**。高い声が出ないなら低い声で勝負しよう。艶のある声が出ないなら、掠(かす)れた声を持ち味にしよう。大きな声が出ないなら、ウィスパーで惹き付けよう。声が震えてしまうなら、それを個性的なビブラートにしてしまおう。**すべて悲観的に捉えず、前向きに捉えてみ**

よう。とにかくボーカルには、個性が大切なのだ。完璧な音程で、かつ完璧なリズムで朗々と歌うだけでは決して感動などしないのだから……。

■ちょっとだけ頑張ってみることも大事

　その一方で、**少し無理して頑張っている姿は美しい**。人の心を打つことがある。例えば、無理なく高い音が出ることは、それはそれで素晴らしいことなのだが、その人なりの限界に近い高い音を、工夫して苦労しながら頑張って歌っている姿には、**独特の美しさがあり、感動が生まれる**。**聴く人の心が開き、歌う人を応援したくなる**のだ。それは、その音域が難なく発声できてしまう人には不可能な表現手法となり、そうしたことから個性が生まれてくる。

　何もしないでいても、ルックスなどにオリジナリティがある場合もあるが、実はその人の振る舞い（＝行為）に独創性を感じることが肝心だ。前者は静的な個性で、後者は動的な個性だ。それを掛け合わせることで、さらに新たな個性が生まれる。

■テクノロジーを味方にする

　個性を追求するとき、忘れてはならないことがある。生身の身体だけで勝負しようとしないことだ。ボーカルは電子楽器と違って、マイクという極めて原始的な変換器のお世話になっている。ノドの奥で声帯が震え、それが口角で響き、空気を震わせ、その振動をマイクが拾って、それが電気信号に変換される…そんな全く異なったエネルギー変換がなされている。その変換器であるマイクのチョイスと使い方が、レコーディングやPAでは、大きく影響する【→2-1参照】。そしていったん電気信号に変われば、そこから加工できる可能性は無限に広がる。小さい声しか出なくても、マイクアンプでゲインを稼ぎ、フェーダーを上げ、パワーアンプのレベルを上げれば、どれだけでも大きくできる。そのくらい自由なのだ。前項で短所を個性とすることをお話ししたが、**実際の声とそれを補う加工方法とが相まって、最終的なボーカルとなる**ことを考えると、**その組み合わせが個性となる**ことを改めて認識してほしい。

「ボーカルには、どのマイクがいいですか？」「ボーカルにかけるコンプレッサーは、どのプラグインが向いていますか？」……これらは、私がレクチャーやセミナーを行うと、よく出る質問だ。最近は、自宅でレコーディングするアーティストも増えたので、そういう人がKim Studioでボーカル録りした際、「自分の声がとてもいい声に聞こえます。このマイクいいですね！」と言ったり、「今日はとっても歌いやすいのですが、どこのコンプレッサーを使っているんですか？」などと聞かれることもある。もちろん、原理的にボーカルに向いたものはあるだろう。また歴代のエンジニアたちが築き上げてきた「理想的」とされるボーカル処理で使われてきたマイクやコンプレッサーも存在する。

また一方で、プラグインの充実によって、ビンテージ機材が手に入らずとも、それをシミュレートしたプラグインなら簡単に手に入れられるようになったため、往年の名機で録ったような気持ちになれるかもしれない。しかし、それがベストだろうか？ **誰かと同じ声でいいのだろうか？** 同じボーカルの音処理でいいのだろうか？ 同じじゃ嫌なら、機材だって誰も使っていないようなもので、**前例がないような使い方をしてみるくらいの勇気と挑戦者魂を持とう。**

ボーカリストの個性は、機材やプラグイン、あるいはミックスで生み出すこともできるが、それは時には実在しないボーカリストになってしまうこともあるだろう。ライブで再現できないボーカルになってしまうことだってあるかもしれない。でも考えてみてほしい。レコーディングとはそういうものであり、その手法によってアーティストとして成り立っているのだ。もしライブやコンサートをすることになれば、それはまた別の形で"コンサート演出"をすればいいだけのこと。

映像の世界でも同様で、特撮やCG、あるいは編集によって作品が作られるが、それを舞台で再現することなど考えていないし、そこに違和感を覚える必要はなく、それが芸術なのだ。

音楽の世界では、マルチ・トラックでレコーディングが可能となったことから仮想現実（バーチャル・リアリティ）が飛躍的に広がっている。多重録音によるボーカル【→2-6参照】などは、その典型的な例だろう。1人で同時に2パートを歌ったり、自分の声でハモったりすることなど、現実には不可能なことを、録音の場では実現させられるのだ。

さらに、ハーモニー・パートを足す際には、実際に歌わなくても、メインボーカルからミキシング処理で作り出すこともできる【→5-2参照】。また、そんなことがライブで

も再現可能となった【→2-6参照】。

■録音時の人間関係が個性を左右する

　レコーディングやミックスダウンで、声質を変えたり、新しい声を作り出すなど、ボーカル処理に独自性を持たせることは、それ自体がボーカリストの個性となるくらい貴重なこと。ただ、ここには大きな罠も潜んでいる。それは、アーティストと、エンジニアやプロデューサーとの人間関係だ。ボーカリストは、自分以外のアーティストとも組むことがあるエンジニアやプロデューサーに不安を抱く。自分のために作り上げた**"個性を演出する技"**を他のアーティストでも使うのではないかと……。

　私は、「原盤制作」や「コンサート演出」を生業としており、求められるのはセンスやテクニックだ。しかし、業務範囲がアーティストのプロデュースにまで及ぶことも多々ある。そうなると、生身の人間が対象となるので、愛情を持って接することが必要となる。自信を持たせたり、不安を解消したり、時には良い意味でマインド・コントロールする必要もあるだろう。

　特に、レコーディング真っ最中のトーク・バックは、とても気を使う。トーク・バックの一言で、ボーカリストの心理状態が一変することを認識しよう。特にプロデューサーやエンジニアで、ボーカリストとしてブースで歌った経験のない人がアブナイ。**ブースの中で孤独感を経験してみる**ことをぜひお勧めする。歌い終わっても、何にも言ってくれない時の不安な気持ちとか、頭ごなしに否定された時のショックなど、実際に体験するべきだろう。ディレクションが悪いと、どんどん嫌な気持ちになりテンションが落ちていく……他の現場では、そんな光景によく出くわすが、アーティストの個性を台無しにしていて、本当に残念だし、もったいないことだと思う。

　ブース内で**"1人ぼっちの気持ちにさせない"**これが原則だ。トーク・バックの一言で、音楽の出来は全然違うのだ【→6-1参照】。

■声の演出

　エンジニアやプロデューサーが、声の出し方をアドバイスすることも必要だ。声は張りすぎないほうがいい音で、その方が幅広い倍音を豊富に含んだ音なのだ【→2-2、4-4参照】。理想とするアーティストたちが絶叫しているように見えたり聞こえたとしても、実はコントロールしている。余力を残した声だったりする。私のスタジオでは、無理をしないでいい声を録ることを徹底している。普段どれだけ張り上げてもいい声や高い声が録れないで困っているアーティストが、**無理をしないで最高にいい声が録れる**ことに感動してくれる。これは楽器の演奏家でも同じことだ。**パワフルに演奏すれば、太い音になるわけではない**。例えばバスドラムの場合、レコーディングでは力み過ぎずに適度な強さで踏んだ音を的確に処理した方が、パワフルに踏んだ音よりはるかにパワー感のある音にすることができる。絶叫しているように見えるアーティストたちも、パワフルにシャウトしているように「演出」しているのである。

　そうしたことに気付いてもらい、いい方に導くというディレクションも重要になる。いい声を教えてあげて、いい声に気付いてもらい、効率よく最高の歌声を録るようにしよう。

■個性の演出

　より多くの人に受け入れられることを目指すならば、歌唱法やレコーディング手法など、アーティスト本人への直接的なアプローチだけでなく、**他人が見たときの印象を作り上げる**ことも大事。どんなファッションや衣装で、あるいはどんな髪型でアーティスト写真を撮りステージに立つのか。また、どんなメディアで露出するのか？ インタビュー内容も重要。何に興味があり、どんな時間を過ごしているのか？　どんな人が歌っているのか……というイメージは重要なファクターだ。

　例えば、ちょっと考えてみてほしい。「殺人犯が世界平和を歌っても、サマにならない。でも、愛する人を誰にも渡したくなくて、恋人を殺してしまったとしたら、それは決して許されることではないことと知りつつも、その人の歌う愛の歌は聞いてみたいと思う

1-3

かもしれない。」

　要はその歌が**どうやって作られ、どんな人が歌っているのかという背景が大事**なのだ。

　この辺りを掘り下げると本書のテーマから外れてしまうので、また機会を見てお話しすることにしよう。ただ、理想的なボーカルを作るためには、アーティスト・イメージを創造することが大切であることだけは、忘れないで欲しい。ただ単に「上手いボーカル」とか「美しい声のボーカル」なら世界中に沢山溢れているので、**既にあるようなものをわざわざあなたが作らなくても良い。世界に1つしかないボーカルを作ることを目標にしてほしい。**

Column

自分の本当の声は、一生聞けない

　自分の顔は一生見ることができない……と言うと「えっ、鏡や写真、ビデオでだって見られるんじゃない!?」と思うことだろう。でもそれは、ダイレクトで見ているわけではなく、必ずなんらかの情報が欠落した状態で見ていることになる。だから、他人が自分を見ているのと全く同じ感覚で見ることは不可能なのだ。

　同じように「自分の声」も他人が聞いているものとは、明らかに違った声を聞いている。顔以上に根本的に違うことがある。まず、距離が圧倒的に違う。自分のノドと耳の位置は、わずか10センチ程度なのに対して、他人はもっと離れてアナタの声を聞いている。それから、自分の声を聞く時は頭蓋骨に響いた音や骨伝導も聞いているので、声質は大きく異なる。だから、少しでも他人が聞いている音に近づけるために、客観的に録音した音で、自分の声を判断したい。しかし残念ながら、前述の写真やビデオと同じで、どんなにクリーンに録音しても、実際に生で聞いているのと同じクオリティーや臨場感で再現できはしない。誠に残念なことだが「自分の本当の声は、一生聞くことができない」……ということは「自分の本当の声を知らない」ということなのだ。

Column

嫌いなテイクは宝物〜NGテイクに隠されたヒント

みなさんは自分の写真を保存するとき、綺麗に写っているものを残して、嫌いなカットを捨てたり消去したりしていないだろうか？ 気に入ったものだけを残すのではなく、気に入らない写真を捨てないで取っておいて、自分は「こういう顔もするのだ」とか「他人からはこんな風に見えている」と知ることも、実は非常に大切なこと。

これはそのままボーカルにも言える。レコーディングを終えた後、ベストテイクをセレクトしたり、それらをつないでOKトラックを作るのは当然の流れ。しかしその一方で、下手くそなトラックを客観的に聴く勇気も必要。だってそのテイクは、わざと下手に歌おうと思ったわけではなく、一生懸命に上手に歌おうとしたにもかかわらず、結果として自分のイメージ通りに歌えていないわけだから、それが現状の自分の実力だと客観的に判断しよう。何か悪いクセに気付けるヒントが隠されているのだ。おそらく、気に入らない箇所は、どのトラックを聞いても、同じような傾向があるに違いない。美化して見るのをやめて、この程度なんだ……と認識する冷静さも必要ということ。しかしこれは、他人に指摘されると嫌なもの。ボーカリストが自ら気付くことができるよう仕向けるしかない。**自分が直そうと思うことこそが、ボーカルを向上させる唯一の方法**。私がいつも唱えているキーワードがある。プロデュースの基本は『**Please Listen**』なのだ。

1-4

ボーカリストのための環境作り

　レコーディングする際、自分自身で自らのボーカルを録音することもあるだろうし、エンジニアの立場から他人のボーカルを録音したり、時にはプロデューサーとして企画制作する立場のことだってあるだろう。他人を録音する場合には、ディレクションが大きな意味を持つことになる。

　山ほどトラックを録っているシーンをよく見かけるけれど、<mark>最終的にリスナーの耳に届くのは、たったひとつのトラックだけ</mark>である。それを忘れないでほしい。いかにそのベスト・テイクを録るのかが重要なのだ。ここからは、ボーカリストへのコンディション作りのアドバイスや、理想的なテイクを録るための環境作りについて考えてみたい。

■ボーカリストは体が楽器

　ボーカルは、人間の生身の体が楽器。演奏者が楽器の手入れをするように、あるいは楽器を可愛がるように、日頃の身体のメインテナンスやトレーニングなど、実は録音に入る前の段階が非常に重要だ。また、録音日の前日や当日のコンディション作りも非常に大切。体調をベスト・コンディションにする方法論は、人によって様々だろうが、そこに配慮することを忘れないで欲しい。

　特に、食事・睡眠・喫煙・飲酒など、身体や喉に直接影響を与えるものに関しては、熟考して対応すべきだろう。

■いつ録るのがベストか？

　ボーカル・レコーディングをいつ行なうべきか考えてみよう。曲ができ、歌詞ができた時だろうか？　カラオケの録音が完了した時だろうか？　最終的なボーカルのクオリティーを上げることだけを考えれば、録音はミックスダウン直前がベスト。しかし、アレンジのことを考えれば、ボーカルは、できるだけ早い段階で録音しておくべき。だっ

て主役のボーカルを聞かずにカラオケを作り込むなんてナンセンス。誰が着るかを定めずに洋服を作っているようなもの。バック・トラックの楽器がとてもカッコいいリフを弾いていて、凄くキマってるけれど、それが歌の魅力を邪魔しているケースをよく見かける。こうしたことを避けるためには、まず、ガイド・ボーカルを録音しておくという手順が肝心【→1-5参照】。

■ボーカル録音は2時間以内を目標に

　では次に、何時頃に録音すべきかを考えてみよう。これは個人差があるので、なんとも言えないが、起床直後は避けるべきだ。また、疲れ果てた時間帯も避けるべきで、食事を済ませてから、2〜3時間経ってからがベターなようだ。体内も活発に動き出し、かと言って疲れてはいない……そんな感じであれば、時間帯は全くいつでも構わない。「起床後●●時間が良い」とか「深夜は避けるべき」など、いろいろなことを言う人がいるけれど、**ボーカリストの生活スタイルに合わせるのがベスト**。夜型の人は、深夜に録音すればいいし、朝方の人は、午前中に録音するのも良いだろう。

　とはいえ、スタジオなどの都合で時間が決められている時は、逆算して生活パターンを変えておくと良いだろう。そう言った意味では、どれだけ時間をかけてスタジオで録音しても、自宅で好きな時間にくつろいで歌ったテイクを超えられないことがあるのは、実はリラックスしているからではない。スタジオやスタッフの都合が優先され、そこにアーティストの身体を合わせているからだ。アーティストの生活リズムにレコーディングを合わせてあげたいものだ。

　何より大切なのは、**長時間行わない**こと。もし、長時間に及ぶとしたら、それは「録音」という行為以外の問題を解消せずにレコーディングに臨んでいる証拠だ。歌詞が決まっていないとか、キーが合わないなどの問題を事前に解決せずにボーカル・レコーディングを迎え、録音しながら「あぁでもない、こぅでもない」と無駄に歌わせてはいけないのだ。

　人間のノドは、粘膜で出来ている。自分では、どれだけ強いと思っていても、疲れたり枯れたりしていく。だが、数時間以上眠ったり休んだ後のノドは潤っており、本来の柔らかさを取り戻せる。そこから発せられる瑞々しい倍音豊かな音は、貴重。歌い続け

1-4

ることで、次第にその倍音は失われていく。だから、ボーカル・レコーディングは2時間程度で終えるべきで、4時間以上やっても決して良い結果は生まない。

長時間歌い続けていると、次第に声の質感は変わってくるので、録音中には適当な休憩を入れよう。気持ちが入ってくると、休憩することも忘れて没頭しがちだが、客観的に判断して、アドバイスしてあげたい。インターバルは、ボーカリストの訓練度合いにもよるが、ドライブや学校の授業のようなもので、**適当な時間ごとに、休憩を入れたり気分転換をする**ことが大事。

まめに水分を口に含み（沢山飲む必要はない）、唾液の粘度が上がり過ぎないようにしよう。唾液がノドの奥で糸を引くような状態になると、歌っている最中に、それが切れる音がノイズとなって録音されてしまうからだ。これは波形にも現れる。

画面1は、ロング・トーンの一部を抜き出したものだが、一見問題ないものに思えても、拡大すると「ギザギザ」の「ゆがみ」や「トゲ」のような波形があることを確認してもらえるだろう（**画面2**）。これはノドで発生したノイズなのだ。

ボーカリストのノドを適度に潤すことで、こうしたノイズを回避することが可能になる。しかし、甘みの強い飲み物はノドの奥がねばつくので逆効果。脂分を綺麗に拭い去るような中国茶などもお薦めできない。ボーカル録音中の飲み物は、ミネラル・ウォーター、ジャスミン茶、ほうじ茶など、刺激が弱くてぬるめの飲み物がベスト。録音中は、

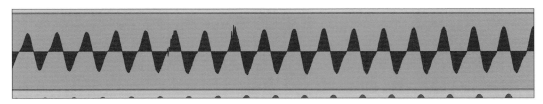

画面1：ロング・トーンの一部。一見問題ないように見えるが……。

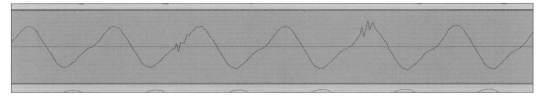

画面2：拡大するとノドで発生したノイズが、波形の「ゆがみ」や「トゲ」として確認できる。

冷たい物は避けよう。炭酸飲料や糖分が大量に入った粘り気のある飲み物も避けよう。ノドの中の分泌物の成分バランスが崩れるので、録音中は好ましくない（休憩時間は気にせず自由で構わないが、ボーカル録音の最中だけは、気をつけよう）。

　アルコールも控えてもらおう。気分良く歌えるという人もいるが、運動能力は確実に落ちるので、客観的に聞くと単にピッチやリズムが悪いだけ。一流のスポーツ選手が、試合や競技の最中に取るものと同じであると思えば想像がしやすいはず。それでも雰囲気を楽しみたいなら、それはそれで良いだろう。

　ちなみに、**ノイズが入ってしまったけれど、テイクとしては素晴らしいなら、気になる箇所を修正する方法もある**ので後述する【→3-5参照】。

■楽譜＆歌詞カードの工夫

　楽譜や歌詞は見やすく作る……それは当然のこと。では、見やすい楽譜とか、見やすい歌詞とはどんなものを指すのだろうか？

　ポップスでは、フレーズが4小節とか8小節でひと区切りになっていたり、16小節とか32小節で繰り返しがあることが多い。また、1番、2番があったり、「大サビ」とか「落ちサビ」などと呼ばれるパートがあったりもすることだろう。そんな**楽曲構成が、楽譜や歌詞を一目見るだけでわかるようになっているのが理想**。つまり、「ココはあそこと同じメロディーなんだ」とか、「ここでは、同じフレーズが4回繰り返されているんだ」ということを、歌いながら自然に感じられるようなレイアウトにすべきなのだ。そうすることで、楽曲全体の構成が把握でき、また「繰り返しながら盛り上げよう！」など、表現のバリエーションを考える際にも役立つことになる。

　そのために楽譜は、1番カッコ、2番カッコとか、ダルセーニョなどを的確に使用し、歌詞カードは、1番と2番で同じフレーズになる部分が同じレイアウトになるようにしておこう。行替えも、言葉の意味を考えて、読みやすくなるような工夫が欲しい。

　歌詞は行間を空けて、歌いながら注意書きなどの書き込みがしやすいようにしておく。かと言って、楽譜台に乗り切らないくらいページ数が増えることは避けたい。A4用紙1枚にまとめるとか、A4を2枚で見開きぐらいにまとめたいところ。

　ボーカリストの視力や年齢を考慮して、A4ではなくB4にするなど拡大コピーすると

1-4

喜ばれることもあるだろう（近視や老眼であることは口にせず、さりげなく用意してあげる配慮も忘れずに……）。

　小さな音符や歌詞を追うことに意識がいくようでは、感情表現に全力を向けられないし、まして見間違えたことでやり直しているようでは、エネルギーと時間の無駄だ。**ベスト・コンディションは、決して長くは続かない**ので、その一瞬を捉えて、ベスト・テイクを記録したい。

■譜面台の設置方法

　些細なことだと思うかもしれないが、譜面や歌詞カードの設置方法が、ボーカリストの実力をどのくらい発揮できるかを左右していることもある。

　本来ボーカリストは、楽曲を覚えているのがベストなので、もし譜面や歌詞カードは確認する程度ということなら、視線に入らないような低い位置で譜面台を斜め上に向けておけば良いだろう。しかし、見ながら歌うのであれば、**歌っているときは、目線が変わらないことが大切**。上下に移動すると、目線だけではなく、どうしても顔全体がうつむいてしまい、そうなるとノドの開き具合が妨げられ、発声に影響を与えることになる。だから、楽譜や歌詞は常に目の高さに置いてあげよう。それは、1枚の楽譜や歌詞カードの中でさえも気を付けるべきで、例えばA4サイズの用紙でも、最上部と最下部の行とでは、20〜30cmの差があるので、下の行を歌う際は、譜面台の高さを上げたり、歌詞カードを少し上げて譜面台にテープで貼るなどして高さを変えてあげたい。視線が常に同じような位置になるようにすることで、顔の角度が一定になり、ノドの開き方に無理なく歌えるようになる。またマイクとの距離感も一定に保ちやすくなるため、音圧のバラつきや音色変化を大幅に減らすことができる。こうした**ほんの僅かの積み重ねが、プロフェッショナル魂**なのだ。

　ここで問題になるのは、市販されている譜面台は最も高くしても1m20cm程度にしかならないことだ。立って歌うボーカル・レコーディングにおいては、それでは目線がどうしても下を向くので、もっと高くなるようにしたいのだが全然足りないのである。

　譜面台は、ステージで使う場合は顔を隠さないように低めにするし、演奏家が使う場合も指揮者が見えるように斜め下にするので、その高さで十分として設計されている。

だから目線まで高くなる譜面台は、ほぼ存在しない。

そこでKim Studioでは、オリジナルの譜面台を用意している。撮影照明用のライト・スタンドと譜面台を組み合わせて改造することで、高さと安定感を兼ね備えたものを比較的簡単に作ることもできるので、挑戦してみてほしい（**写真1**）。

マイク・スタンドや譜面台の足に、飲み物のフォルダー（**写真2**）や、ヘッドフォンのフック（**写真3**）などを付けることで、無理な姿勢なく、作業ができるような配慮も喜ばれるだろう。

写真1：撮影照明用のライト・スタンド。このうえに譜面台の楽譜が乗る部分を組み合わせると、ボーカリストの目線に届く高さの譜面台が作れる。

1-4

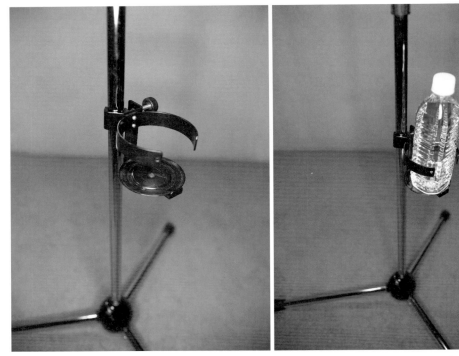

写真2：マイクスタンドや譜面台の足に飲み物フォルダーを付けておくと、気軽にノドを潤すことができ、ノドの奥で発生するノイズの軽減も期待できる。

■マイク・スタンドと歌いやすさ

　マイク・スタンドは、**安定性が良く、しっかりしたもの**を選びたい。次第に下がってきて、録音の開始時と終了時で、数cm下がっている……などということがないようしたい。レコーディングの途中でマイクの位置や高さが変わると、マイクに届く音も変化し、当然音色や音圧が変わってしまう。それを補正するのは非常に大変な作業になる。

　それから、**スタンドの足ができるだけボーカリストから離れるように設置**してあげたい。体の動きを妨げないための配慮だ。ただし、3本足のマイク・スタンドの場合は、そうすることで、マイクの重みがかかる方向には足が出ていないことになり、ボーカリスト側に倒れやすくなるので、反対側の足に重石を置くと安心だ。

　ボーカル録音後は、**バラす前に、床からマイクまでの高さを測っておく**こともお忘れ

1章　ボーカルをプロデュースする

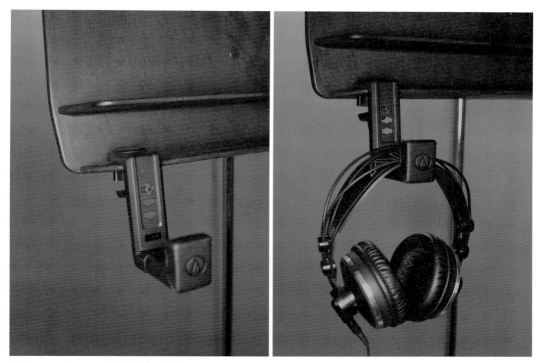

写真3：ヘッドフォンを外した際、意外と置き場所には困る。このようなフックを付けておくだけで作業効率が上がり、ヘッドフォンの損傷事故も減らせる。

なく。そして同じボーカリストの録音がある際は、事前にその高さを再現しておこう。ボーカリストに高さ合わせのための無駄な時間を使わせないで済む。そうした配慮は、信頼関係を築く上でもとっても大事なこと。

　もちろんHA（ヘッドアンプ）やコンプ、EQなど機材のセッティングも同様。とにかく、ボーカリストの負担を減らすことが最優先。**レベル設定のためだけに、本番直前に何度も歌わせるなど、もっての外**だ。

■効果的なマイキング方法

　レコーディング風景の写真では、マイクを逆さまに向けて、上から吊されるようにしてスタンド設置している様子を見かけることが多いだろう。なぜ逆さまにするのか？

1-4

　実のところ、その最大の理由はボーカル録音によく使われるコンデンサー・マイクが大きく重さもあるため、逆さまに吊るして設置する方が安定するからなのだ。しかし、ボーカリストにとってはどうだろう？　口の前にダイアフラムがあるのは致し方ないとしても、マイクのボディやサスペンション・フォルダーが目の前にあるのは決して望ましくない。視界を遮り、楽譜や歌詞が見にくいだけ。これではボーカリストは斜め横の位置に歌詞カードを置くしかなくなり見にくい上、マイクに対する顔の角度や距離が不安定になってしまう。

　逆にマイクを本来の向きにセットしてみよう。目の前がスッキリすることで、ボーカリストに気持ち良く歌ってもらえるはず (**写真4**)。また、顔を斜めに向けたりしていたことで、マイクに対する角度や距離が不安だったことまで一気に解消され、歌詞が聞き取りやすくなったり、音量の変化も最小限に抑えられる。

　このように、録音技術の都合でボーカリストを我慢させるようなことがあってはならないのだ。

写真4：ボーカリストに優しいマイキングを考えよう。左は一般的な設置例、右は歌いやすい設置例。左の写真はよく見かける一般的なセッティング例だが、マイクやサスペンション・フォルダー、ポップ・ガードなどが目の前にあり、譜面が見づらい状態だ。そこで、右写真のような設置方法にすると、スッキリとした視界が確保できる

■マイクとの距離は極めて重要

　次に、ボーカリストとマイクの距離だが、距離が離れるに従い音量は落ちていく。音量が変わるだけならゲインを上げればよいのだが、音色が変わることを理解してほしい。

　ボーカリストがマイクへ近づくほど生々しく太い音質になる。なぜなら、音の伝わり方は帯域によって異なり、高域は直進性が強く、低域は拡散しやすいため、マイクとの距離が離れると高域寄りの細い声になるからだ。しかし、オンマイクの場合は、距離がわずかに変わるだけで、録り音の音量と音質に大きなバラつきが発生する。かと言って、ボーカリストが体を動かさずに固まって歌うのは、もっと良くない。このジレンマにどう対処するかが仕上がりに大きく影響するわけだ。

　音量のバラつきを抑える最も簡単な方法は、ボーカリストとマイクの距離がある程度（30cm以上）離れた状態を一定に保って録ることなのだが、一定に保つこと自体が現実的ではないし、距離と音質は密接な関係にあるので、求める音質が得られるとは限らない。

　マイクとの距離を探りながら、自分の好みの音が得られる距離を見つけて欲しい。マイクとの距離に関しては、非常にデリケートな問題なので、【2-2】と【4-2】で詳しく解説している。ここでは、概念として、ご理解いただければいいだろう。

■服装にも気を配ろう

　レコーディングする際、ボーカリストは服装にも気をつけたい。お腹を締め付けていると腹式呼吸を妨げるし、ハイヒールでは足腰に力が入らない。髪が歌唱中に気になるようなら、止めてもらったり、ヘッドフォンのかぶり方を工夫して、ヘッドバンドで髪を押さえるようにすると効果的だ。

　それから、録音中は体が揺れることで音を発するアクセサリーを外してもらおう。洋服は、静電気が発生しやすい合成繊維を避け、天然素材（綿、絹、麻など）がオススメ。そうでない場合は、静電気を防止する柔軟剤や、静電気の発生を和らげるスプレーを使うのも良いだろう（ただし、そうしたスプレー類は、マイクが設置された部屋とは別の部屋で散布すること。少し離れたくらいでは、細かい霧となってマイクにまで届いてし

1-4

まい、思わぬ悪影響を及ぼすことになりかねない)。

■ボーカリストの感情コントロール

　ボーカリストは、気持ちがノることが重要。また、レコーディング・エンジニアは、ボーカリストをノセることも大切。そのためには、スタッフや身近な人の協力も必要だろう。
　服装は自分にとって楽な格好にしよう。見てくれを気にしながらでは、良いテイクは録れない。ノーメイクにスウェットやTシャツでもいいし、逆にバッチリとメイクを決めることで気分が高揚するという人もいるかもしれない。要は、ボーカリストを良い方向に持っていくこと。そういった意味では、ジンクスや暗示に掛けることも場合によっては必要だろう。スポット照明で、周りの視界を断ち切るのもいいだろう。
　ボーカリストが、自然に気持ちよく歌っている感じが大事なのだ。それが出来上がった音楽を通して、聴く人にも伝わっていく。それが音楽の素晴らしいところだ。

■信頼関係が大切

　ここまで様々なノウハウを紹介したが、エンジニアとボーカリストの間に必要なものは、最終的には信頼関係だ。ボーカリストにディレクションするにしても、言ったことを素直に聞き入れてくれるような仲であったり、ボーカリストが歌いたくなったらオケがスタートし、歌い終わったら、何も言わなくても直したい場所がまた再生され、パンチ・インされる……そんな関係が理想だ。心から信頼し合えるからこそ、アート作品として良いものができたり、人の心を揺さぶるような歌が録れるのだ。こうした親密な関係を築いた上で、**録音中その存在を忘れさせることができたらベスト**。ボーカリストがリラックスして、自分の表現に没頭できるからだ。

Column

3つの魔法の言葉

　祖父は、3つの言葉をいつも口にしていた。晩年は寝たきりになり、介護がなければ食事もトイレも難しかったこともあり、この言葉が口癖だった。

母は、長年の介護の中で、何度もこの言葉に救われたという。これは、レコーディングやコンサートの現場でも、通用する魔法の言葉だ。

「ありがとなぁ」＝（ありがとうございます。感謝しています。）
「堪忍してくれなぁ」＝（ごめんなさい。ご迷惑をお掛けします。）
「頼むなぁ」＝（お願いします。）

Column

窮地に追い込まれた時の、魔法の呪文

　窮地に追い込まれた時の魔法の呪文がある。
　何かを要望され、それが簡単にできそうにないときの返事だ。できればやりたくない時にも使える、魔法の言葉。それは「**ガンバリます！**」という一言だ。

　人は「できない」とか、「やりたくない」という言葉を口にした途端、その言葉を聞いた自分の耳が、心に向かって伝達する。「私はできないのだ」「私はやりたくないのだ」と……。

「どうしよう……」
「やりたくないわけではない」
「やる気はある……でも、できないかもしれない」
「もし、間に合わなかったらどうしよう」
そんな時、この呪文を唱えてみよう。
「ガンバリます!!」

　本来は相手に対する答えだが、自分の心にも訴えかける。頑張れる気になってくるから不思議だ。あらゆるシチュエーションでジョーカーのように使える、オールマイティーな言葉だ。英単語を覚える時に「声に出して覚えなさい」と言われたことがあるだろう。あれはまさにこれと同じ原理なのだ。**声に出し音にすることで、相手に気持ちが伝わるだけでなく、自分の心まで励まされる。**
　そして気がつくと、いつの間にかできていたりする。万が一少し足りなくても、その言葉を唱えて頑張った人を非難する人はいないだろう。

1-5

ガイド・ボーカルの大切さ

　ボーカル録音の下準備としての"仮歌"や"ガイド・ボーカル"について考えてみよう。つまり、いきなり本番の歌を録音するのではなく、仮に歌ってみることで、音楽はより深みを増してくる。

■ガイド・ボーカルとは

　プロの現場では、バック・トラック（カラオケ）録音時にアレンジを考える際、仮のボーカルを録音しておく事が多い。ボーカル楽曲では、歌が主役だ。楽曲の完成形を見据えながら作業を進めるためにも、バックだけで録音するのではなく、ボーカルが入っている事はとても重要なのだ。シンセなどの音でガイドにするケースも見かけるが、最終形に近い人間の声がベストだ。

　また、忙しいアーティストの場合は、バック・トラックの録音日に立ち会えるとは限らず、カラオケが完成してから別日にボーカル録音をまとめて行うことも多いので、歌い方のお手本として録音しておくわけだ。また、ボーカルの収録時にはヘッドフォンに送って聞かせる事で、途中からスタートされた時にも歌うべき場所がわかって便利だったり、一緒に歌う事で、安定した歌唱が得られたりもする。

　そうしたものを「**仮歌**（かりうた）」とか「**ガイド・ボーカル**」と呼ぶ。実際にミックスダウンで使われることはないが、アーティスト本人は、そのガイドの歌い方を参考にしたり真似ることになるので、歌の表現力があり、かつ新曲をどのように歌うかを提案できるセンスやアイディアが求められるなど、実はとても実力のあるボーカリストに担当して頂く事になる。

　最終的にリスナーには届かない、まさに影の技だが、こうした工夫が感動的なボーカルを導き出したり、**ヒット曲を作る秘訣**なのだ。

1章　ボーカルをプロデュースする

■ガイド・ボーカルの録音方法

　ガイド・ボーカルは、ボーカリスト本人が歌う場合と、本人以外の人の場合の2通りがある。

　まず、本人が歌う場合は、身近で簡単な伴奏で構わないので、フリーに歌ってもらうといいだろう。テンポもキーも指定せず、自由に……。それが最も歌いやすいテンポとキーのはずだから、それを録音しておき、そこからテンポやキーを割り出し、アレンジを考えるといい。もちろんそこからモディファイは必要になるだろうが、それを基本とするわけだ。

　本人以外のケースでは、制作者側が手配するボーカリストになるだろう。プロデューサーやアレンジャーが、その楽曲の良さを引き立てるために工夫して、キーやテンポをはじめサウンド全体を作り、その上でボーカルに「こう歌わせたい」というお手本を、まさに"ガイド"として録音する。もしガイド・ボーカルを代理の人が歌う場合は、それは非常に重要な役割だ。ボーカリスト本人は、それをお手本に歌うわけだから、その新曲に息吹を吹き込むことになり、時にはその歌い方で、ヒット曲になるか否かが決まったりもする。

　ちなみに、"歌が上手い"ということは、表現力があるということだ。この表現力というのは、微妙なタイミングやピッチのコントロールが上手なわけで、どこでどれだけずらすのかが重要。それを考えて実行できるのが素晴らしいボーカリストなのだ。だから、ガイド・ボーカリストが素晴らしければ、本チャンのボーカリストはそれを目標にすれば、表現力のある歌唱は容易ということになる。しかし、ガイドがないとしたら、その新曲をどう歌うのかを考えるところからやらなければならない。それは非常に難しいことだと言える。

　この辺りが、ボーカルの巧さを語る場合、課題になる。カラオケやカバー曲は上手なのに、オリジナル曲が魅力的に感じられないボーカリストがいるのは、技術的には巧みでも、**表現する術を考えられない**ということなのだ。つまり、他人の真似ならできるけれど、新しい曲に対して、考えたり構築していくことが苦手なわけだ。上手いのにヒットしないのは、そういったことが理由だったりもする。

　我々プロフェッショナルは、必ずしも楽曲のことだけを考えてベストなものを提案す

1-5

るとは限らない。少々デフォルメした表現方法で歌うことで個性を持たせたり、アーティスト・イメージとして時流や流行りを考慮して作り上げたりもする。

■仮オケで歌を録ることのメリット

　ボーカルを録る前に必ずしもオケを完成させる必要はなく、オケを作り込まない状態で本番のボーカルを録ってしまうのも方法の1つ。なぜなら、録音後に曲の主役となるボーカルを聞きながら、アレンジを作り込んでいけるからだ。こうすることで、オケの楽器編成や音圧感がトゥー・マッチになりにくくなる。自分1人でトラック制作から録音、ミックスまで行うようなクリエイターにとっては、特に効果的と考えられる。

　また生音／打ち込み系といった形態にかかわらず、まずはシーケンサーで仮オケを作り、それをバックに歌いながらキーやテンポを決めるのも効果的だ。本番のボーカル録音に近い環境を整えて、真剣に歌ってもらうとベストなキーが決められるし、歌いやすくメッセージを伝えやすいテンポが見い出せる。さらに、リタルダンド(*1)やフェルマータ(*2)したい箇所も明確になるだろう。

　オケを完成させてから実際に歌ってみると、そこで初めて「ここは声のロング・トーンを活かしたい」と感じるようなことがあるかもしれない。しかし、その時点でオケが変更できないと歌を犠牲にすることになり、もったいない。だから、仮のオケの状態で、キーを決めて自由に歌ってみて、そこから適切なテンポを決めたり、テンポがチェンジする箇所を見定める(*3)。そのクリック(*4)を聞きながら生楽器の録音をすることで、**無駄のない安定して完成度の高いカラオケが作れ、延いては完成度の高いボーカル録音ができる**わけだ。

---

*1　リタルダンドとは、だんだんとテンポを遅くする指示。リットと略すこともある。
*2　フェルマータとは、一旦リズムを止めて休んだり、ロングトーンで伸ばすこと。
*3　見定めたテンポの変化やフェルマータなどを、テンポ・チェンジ情報としてまとめる行為は、【1-6】に詳しく解説している。
*4　クリックとは、音楽のスピードに合わせて、ガイドとなるビートをキープしてくれる"メトロノーム"のようなもの。普通は、4分音符ごとに音が聞こえる。テンポやビートによっては、もっと細かかったり、クリック自体がリズム・パターンになっている場合もある。

クリックの魔法

　クリックは、いわばオーケストラの指揮者のようなもの。ボーカリストにとって、実はクリックもバック・トラックの一部。決して一定の音で再生するべきではなく、音楽の抑揚やテンポの揺らぎに合わせて、レベルや音質とか、微妙なグルーヴ感を演出すべきなのだ。

　クリックにはリムショットやカウベルなどが無造作に使われていることが多い。場合によっては、DAWから発する「プツ」っという電子的なパルスを使っている人もいるようだが、実は**クリックは音楽の仕上がりに大きく影響している**。

■音楽的なクリックの作り方

　一般的には、イン・テンポの楽曲を録音する際にだけクリックを使うことだろう。一方、クリックなど用いない方が自由にプレイできて、そのテンポ感やグルーヴ感が素晴らしいと感じることも多々あるに違いない。しかし、テイクを重ねていくと、次第に速くなっていったり、録音を後から何度も聞くとテンポの揺らぎが気になったり、リタルダンドのカーブやブレイク、フェルマータの"間"がイメージと違ってベストじゃなかった……と思うことも多い。

　そこで、テンポが揺らぐ曲でもクリックを使うことで、音楽の可能性を大きく広げることができる。といっても、一定のテンポのクリックでは意味がないので、自由に演奏しているところから探った（割り出した）テンポでクリックを作り出すのだ。もちろんリットやアクセル[*1]も反映させる必要がある。ミュージシャンが元々演奏していたテンポのクリックであれば、違和感なくナチュラルにそれに乗ることができるし、クリックという拠り所があることで、意図せずテンポが変わってしまったり、不安定に揺らいだりすることなく、安定した演奏が得られる。それに、後で小節管理することもできるため、ミックスや編集がとてもしやすくなる。

　では、実際に作る手順を紹介しよう。まず、概ねのテンポを探るために、リハーサル

---

*1 アクセルとは、アッチェレランドの略で「だんだん速く」という意味。

1-6

したりアレンジを考えている時に、さりげなく録音しておく。それを聞きながら、ちょうど良いと感じるテンポを測る。具体的には、スマホのアプリで、タップするとテンポを表示してくれるものを使って、録音された音楽に合わせてタップしてテンポを探る。微妙な揺れは平均値として、シーンによってテンポが違う場合はシーンごとに読み取り、楽曲の進行に合わせてテンポ・チェンジしたデータを作る（DAW上にテンポ・チェンジ情報を入力する）。リットやフェルマータなども、テンポ・チェンジで再現する。

次に、出来上がったテンポでクリックを鳴らす際にも、クリックもバック・トラックの一部という発想で、楽曲に合った好きな音で鳴らすのだ。したがってDAWに備わったクリックを生成する機能は使わず、自分で録音したクリック音を使い、それを並べるためのオーディオ・トラックを作る。そこまでやる理由は、先も述べたように、楽曲に相応しい心地良いクリック音にしたいことと、もう1つ重要なことは、後で微妙に前後させたり、音色を変化させたりするためだ。

ボーカリストはもちろん、ミュージシャンが、それを聞きながら歌ったり演奏するのだから、気持ち良くまた聞きやすいものにしてあげたい。木質感のあるサイド・スティックや、余韻がある程度あるカウベルなどを使うことが一般的だが、他にも色んな音を使う。強拍と弱拍で別の音を使ったり、裏拍にも別の音を入れることもある。しかしクリックに、レベル差で強弱をつけることは好ましくない。なぜなら、ヘッドフォンから強いクリック音が漏れてしまったり、逆に弱拍が聞き取りにくくなることがあるからだ。クリック漏れをせずに、ちょうど聞こえる音量を保つべきなので、ビート感を音量差で表すのではなく、音色の違いで表す方がベターなのだ。EQで差をつけるのも良いだろう。その場合は、アクセント音のトラックと、それ以外を別のトラックにしておくと作業が楽だろう。それぞれ自由に音色や音量、あるいはタイミングを調整しやすいからだ。

また、8ビートや16ビートの裏拍を別トラックにしておくと、裏拍のタイミングだけを微妙にタイムシフトして重たくすることもできるので、跳ねたリズムやグルーヴ感のあるビートが簡単に作れる。クリックによってグルーヴ感が演出できるわけだ（**図1**）。

それから、曲が始まる前のカウント・インや静かな部分では、クリック音が漏れがちになるし、小さくても十分に聞こえるので、そこはクリック・トラックにハイカットするEQを入れたり、レベルを落とすようなオートメーションも効果的だ。

1章　ボーカルをプロデュースする

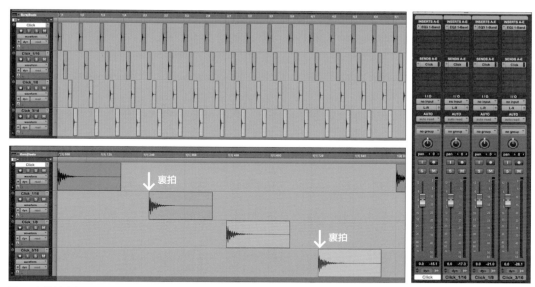

図1：裏拍だけを別のトラックにしておくと、そのトラックの時間軸をズラすだけで簡単に跳ねたリズムなどが作れる。ズームしたところを見ると、16分音符の裏拍（矢印部分）だけが、僅かに遅く（グルーヴ感としては重く）なっている。これによって軽く跳ねた16ビートが演出できる。レベルの強弱を付けるのではなく、EQをインサートして音色の表情でグルーヴ感を出すことが肝心。Mix Windowでは、フェーダーが一定で、それぞれにEQがインサートされているのがわかる。

■テンポ・マップの作成

　それから、**要所要所で優しくガイドしてあげる**ことも効果的。先がわからない道を歩く時の標識とか道標のようなもので、それを私は、"テンポ・マップ" と呼んでいる。

　例えばカウント・イン（楽曲がスタートする前）では、声で「One, - , Two, - , One, Two, Three, Four」とカウントを声で入れることで、一発目を聞き逃したり、心の中で数える必要がなくなり、出そびれることがなく気持ちよく出られる。クリック・トラックとは別に、オーディオ・トラックを用意して、そこにナビゲートする声をあらかじめ録音しておき、クリックとともに再生するわけだ（**図2**）。

　音量にしても、カウント・インは、クリック音だけなのだから、かなり控えめな音量で十分だが、サビになると音量を上げたり、明るめの音にしないと他の楽音に埋もれて聞き取りにくくなったりするため、シーンによってかなり変化させるべきだ（**図3**）。

　また、大きくリタルダントするシーンでは、裏拍を小さなレベルで加えよう（**図4**）。フェ

1-6

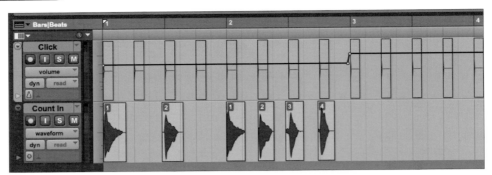

図2：2小節のカウント・インでスタートしている。　上段の「Click」トラックは、カウント・インの間は、オケが無音なので音量を控えめにしている。　下段「Count In」トラックは、声で「1-2-1234」と言っている。言葉で伝えることで、頭を聞き逃すこともなく数える必要もないので、緊張せずに自然に出ることができる。

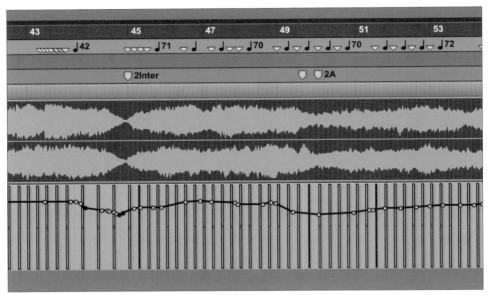

図3：上段の波形は、オケのラフ・ミックス。音量がかなり変化しているので、下段の「Click」トラックに、オケのレベル変化に合わせて、フェーダー・オートメーションを書いている。埋もれることなく聞き取りやすく、また演奏のダイナミクスまで伝えている。まさにクリックが指揮者となっている。

ルマータの後には、次のテンポでカウント・インを足そう（**図5**）。

　エンディングなどで何回もリピートする場合は、その回数を声で知らせたり、ラストのキメの前には、それがわかるような合図を入れておくと親切だ。小節数や回数を数える必要がなくなるわけだ。それは、ライブ・ステージでバック・トラックを再生する際に

1章　ボーカルをプロデュースする

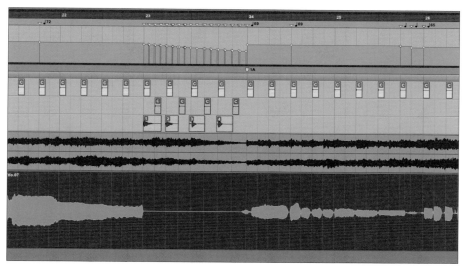

図4：最上段には、テンポのカーブが表示されている。23小節目で大きくリットしている。その小節には8分音符のクリックを足し、声でもカウントを入れて、リットの感じを伝えているため、次の小節頭が気持ちよく歌い出せる。

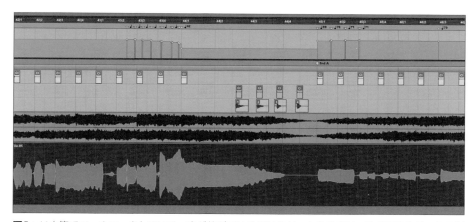

図5：44小節でフェルマータしている。音が伸びている間はクリックを休ませ、その下のトラックの別のクリックで、その後のテンポでカウント・インを入れている。だから思いっきり歌い出せる。これがないと、タイミングがズレたり、探りながら歌いだすことになる。

も、非常に効果的だ。イヤモニにさりげなくテンポ・マップからの指示が届くと「演奏に専念できる」…とミュージシャンにはすこぶる好評だ。

　このようなクリックを作る作業には、とても時間がかかるが、それだけの価値はある。音楽には様々な目的があるが、私が目指しているものは、**永遠に残る原盤を制作するこ**

とだ。そのためには、何度聞いてもいつも気持ちよく自然に聞けるよう仕上げる必要がある。私がクリックを作るために、多くの時間を割くのはそのためだ。

時には、CMや映画の映像に合わせて、アルバムとは異なるテンポで、別バージョンを録ることだってある。それは、**末永く聞いてもらうために、テンポがとても重要**だということを知っているからだ。

こうしたさりげない心遣いによって、**ボーカリストや演奏家は、音楽に没頭できる**。レコーディングしている場面や、ライブ・ステージを見ている人には全くわからない、**ヘッドフォンの中だけで行われる技**だ。"音の魔術師"は、実はこうしたところに存在している。

> **! Tips ～音の魔術師が明かす㊙テクニック**
>
> ### イヤモニへ送る魔法の音
>
> イヤモニの最大のメリットは、**プレーヤーだけに、特別な情報を送ることができる**ことだ。
>
> クリックをヘッドフォンに送るのは、レコーディングだけではない。ライブでは次の曲名とガイド・テンポを送ることで、ステージ進行がすこぶる安定する。クリックを使わない楽曲であっても、演奏を始める前に次のテンポを示してあげることで、スムースにスタートすることができる。ライブでは、演奏を始めてしまってから、歌が始まった頃に「速すぎた」とか、「ちょっと遅いなぁ」などと感じることがあるが、それを回避できる。ボーカリストがMCをしているような時は、バック・ミュージシャンにだけ送っておくのもいいだろう。
>
> ア・カペラ（伴奏がない状態で歌う）シーンでは、イヤモニにだけ薄くガイド・コードを送ってあげると歌いやすい。バック・トラックが同期している場合は、イヤモニにだけ送るカラオケとして仕込んでおいてもいいし、ライブの場合はキーボーディストが、フロントに出る音源とは別に、イヤモニにだけ送られる音源を用意し、MIDIのチャンネルの振り分けなどで、ボーカリストのガイド用の音源とするのも良いだろう。実は、演奏中もボーカリストにだけ別の音源を送っておくのも一案だ。例えばビブラートやトレモロが深いエレピ系のサウンドのように、比較的ピッチが取りにくい伴奏の時、マスター・キーボードからMIDI信号を受けて、安定したピッチのガイド音源が同時に鳴らされるようにしておき、ボーカリストのモニターにだけ多めに送ることもできる。
>
> 歌をしっかりと覚えていないタレントさんのボーカル録音やライブでバック・トラックを使う際、ヘッドフォンへの送りやイヤモニの中に、仮歌にガイドメロを混ぜて送ってあげることもある。ガイドメロだけでは、無機質で表情がなくなりがちだし、かと言って、ガイド・ボーカリストが歌唱表現として使っている、タメとかベンドやビブラートが気になって歌いにくかったりもするので、**歌う人の好みやスキルで、最適なガイド・トラックを作ってあげよう**。

2 章
レコーディングの手順

2-1

声はマイクで決まる

　ここからは、実際に「ボーカルを録音する」というプロセスに入ろう。**マイクがあって、それに向かって歌う……この何気ない仕草の中に膨大なノウハウがある。**実は、このプロセスこそが、ボーカル録音はもちろん、ライブにおいても最も大切な部分だ。モニターやミキシングで悩むのは、この行程をしっかりと理解していないからだ。

　そこでの「マイク」の存在は、極めて大きい。レコーディングの入り口だ。全てがそこからしか伝わらない。そこで失われたものは、取り返しがつかない。そのマイクの使い方も含め、理想のボーカル・テイクを得るための知識や録音手法、必要なプロセス&テクニックについて解説していく。

■マイクとの関係で決まる声

　マイクが使われるのは、レコーディングだけのことではない。生の声がどれだけ良くても届けられる範囲は限られている。だからPAを通すライブにおいても、**マイクとその使いこなしは極めて重要**だ。

　私たちが記憶しているボーカリストの歌や偉人のスピーチは、レコーディングされていたり、PAを通っていたり、常にマイクを通した声だったはずだ。そしてそれらは、後の章で説明するような"トリートメント＝加工"がなされており、それも含めてその人の声として記憶されている。ギタリストを語る時、使っている楽器やエフェクターも含めて考えるだろう。同じように**ボーカリストはマイクと音処理も含めて捉える**必要があるのだ。

　人の声は、声帯の震えがノドや口中で響き、それが空気振動として体の外に伝わっていく。その振動が届く範囲にいる人には生声が聞こえるが、その場にいない人に向けて、あるいは時を越えて伝えるためには、レコーディングやPAによって、記録したり拡声して伝えることになる。そこで必ず必要なものがマイク（英語では、Microphone）だ。マイクは、空気振動を電気信号に変える変換器。どんなに素敵なボーカルであろうがマイクを通して録音することになるから、マイクは極めて重要なアイテムなのだ。骨伝導などで声を拾う方法やピックアップによって音を拾う方法もあるが、それもマイク同様、

最終的に電気信号に変換することになる。

　空気の振動が電気的な信号へと変換されることで、永遠に記録できたり、遥か彼方に届けることができる。なんて素敵なことだろう！　**あなたの歌が、時空を超えられる**のだから。

　人の声やアコースティック楽器を録音したり、PAしたりネット配信する際、マイクを通っている以上、その性能や使いこなしに大きく左右されてしまう。特にボーカル録音では、必ずマイクを経由することを考えると、マイクの特性を理解して使うことが極めて重要になるわけだが、そのためには、まず「音」自体の特性を理解することにしよう。

■音は拡散する

　音は発音源から四方八方に拡散する。そのため、距離が離れるに従い、音圧は極端に落ちていく【→2-2参照】。そこで意外と知られていないのは、低音域と高音域では、その拡散の仕方に大きな違いがあることだ。歌に関して解説すると、口を開けて歌う向きにまっすぐに音が届くだけでなく、その周りにも音は広がっていく。しかしその広がり方には特徴があり、**高音域は向いた方向に真っ直ぐに**、そして**低音域は広い角度に拡散していく**のだ。それを実感していただく簡単な実験をしてみよう。口の正面から数センチ離れたところに手をかざしてみてほしい。相手に聞こえる自分の声は、こもった音になるが、それは何故だろう？　もし単に障害物となるだけなら、音色はそのままで、音量だけが全体的に下がるはず。しかしそうではなく、高音域は手に当たって止められるが、低音域は手を回り込んで伝わるのだ。結果的に高音域は大幅に減衰し、低音域は比較的変化が少ないために、高音が削られたこもった音に聞こえるわけだ（これを"回折"と呼ぶ）。音にはこうした特性があることを理解したい。

■マイクとの距離と角度が重要

　さて、このことからわかるのは、マイクとの距離によって、音量ばかりか音色も変わるということだ。マイクと口の距離が離れると音量が落ちることは、簡単に予測できる

2-1

　だろう。しかし同時に、**音色が大きく変化している**ことを忘れないでほしい。

　それから、口に対してどの方向からどんな角度で歌うのかによっても、音色は大幅に違ってくる。これは、マイクの特性が大きく関与している。一般的にボーカル・マイクは、単一指向性を使うことが多いが、この指向性が曲者。指向性の正面がどこであるかの把握をしておきたい。筒状のマイクの正面とは限らず、90度のこともある。また指向性の角度が極端に狭いものから、かなり広めの物もあり、その特性によっては、斜めからの音はクリアに入ってこなくなってしまう。しかし、逆に指向性が狭いものは、他の音を拾いにくいので、周りの音が入りにくかったり、ハウリングしにくくなっている。例えば、SENNHEISERのダイナミック・マイクに、e935とe945というモデルがあるが、これは指向性の角度の違いがある。後者の方がより狭い。コロガシ(*1)からのハウリングに有利だったり、他の楽器のカブリが少なく、ライブでの使用には非常に有利だ。しかし正面を外すと音圧が落ち、音抜けが悪くなるので、軸を外さないよう、また口の近くで使うことで威力を発揮する。それが保てないようなら前者やSHURE／SM58を選択しよう。

　マイクとの距離を変えると自分の声がどのように変化するのか、実際に録音してみたりヘッドフォンで確かめながら、試してみて欲しい。これはボーカル録音だけのことではない。ナレーションやアフレコなど、声を録音する場合は、常に影響されること。実際の録音現場でも、アーティストさんや声優さんに「もっとマイクに近づいて」と声を掛けている。もちろん、すべてのスタジオやマイクでそうした方が良いわけではないのも事実。しかし、マイクとの距離が適度に近く、音が拡散する前に拾った方が、太くていい声であることが多いので、自分自身で体感し**一番いい声に聞こえる距離を見つけてほしい**(実際には、後に述べるコンプやEQなどとの兼ね合いで決まることになる)。

　ちなみに、我が国のアニメなどのアフレコ現場では、ヘッドフォンをしないで大人数で一気に行うことが多く、そうなるとマイクとの距離感を視覚的に保つだけとなり、当然ながらどんな声に録れているかわからないので、"いい声"に録れるように距離を保つことは不可能。一般的に日本のアニメや洋画の吹き替えが、やたらと張ったテンションの高い声になるのは、こうした現場の状況からきている。洋画を、オリジナルと日本語吹き替えで切り替えて聞いてみると、日本語になった途端やたらとハイテンションであることが多く、その違いに驚くことだろう。

＊1　"コロガシ"とは、床置きタイプのモニターで、立っているボーカリストの耳の方にスピーカーが向くように、斜め上に傾いている。

この例でもわかるように、自分の声がどのように録れているのかを「聴くこと」はとても大切なことだ。リアルタイムでモニターすることはもちろん、プレイバックを聞いて、マイクとの関係や声の出し方などを研究して欲しい。**優れたボーカリストや名優は、本当にマイクの使い方が上手い**。経験から得られたもので、自分の声の響き方を熟知しているのだろう。

Column

ビールを飲む音の秘密

ビールや清涼飲料水のコマーシャルで、タレントさんが美味しそうにゴクゴクと飲んでいるシーンを見たことがあるだろう。実はあの音、実際に飲んでいる人にマイクを向けて録音しても、あの音にはならないということをご存知だろうか？

ノドごしの音は、自分のノドや頭蓋骨で響いた音を聞いているので、客観的に外から聞いた音とは異なるのだ。だから、特殊な録音方法や加工方法で、ノドを飲み物が通る音を作り出している。その音がテレビから流れてきたときに、それが生々しく聞こえるようにデフォルメをすることで、飲んだ時の感覚を想起させ、飲みたくなるように仕組んでいるわけだ（自分の声を録音した音を聞き慣れていない人は、いつも自分が聞いている声との違いに驚くはず。これも同じ原理だ）。

音は、目に見えないので違いが分かりにくいが、誰もが無意識のうちに聞いている音がある。それを聞かせることで、何かを想起させる効果がある。それは、サウンドの場合もあれば、メロディーやハーモニーの場合もある。いずれも、「生理的なもの」と「記憶に基づくもの」がある。このビールの例は、後者だ。新生児に母体の体内音を聞かせると安らかになったりするのだが、それも記憶が大きく影響している。一方「ファーミーファーミー」と繰り返すだけで不安感を醸し出すのは、両方が微妙に関与している。倍音が美しく調和しないことによる気持ち悪さが前者で、このメロディーを多用した恐怖映画などを見た記憶から感じるとしたら、後者の効果だ。

同じようなものが山のように溢れる中で、**商品が好まれたりヒットする秘密**は、こんな誰にも気付かれないところで、"音の魔術師"による仕掛けがあるからだ。

2-1

■ライブ・パフォーマンスとは違うことを意識する

　歌うときの姿勢で意識してほしいことは、ライブとレコーディングは違うということ。プロのステージで、ハンド・マイクを片手に、大きなアクションで身体全体を使って表現している姿を目にすると思うが、それはあくまでもライブ・パフォーマンスだ。

　陥りやすい間違いとして、マイクと口の距離を変えながら歌うことだ。サビなど声量が上がるフレーズを歌うとき、マイクから口を遠ざけながら歌う仕草を目にする。音量が上がることで、うるさくなったり歪んだりするので、マイクに入る声の音量をコントロールしているつもりなのだろう。あるいは、声が通ることをアピールしている往年の歌手の歌い方を真似て歌っているつもりかもしれないが、実は間違っている（**写真1、2**）（*2）。これはレコーディングとかライブの区別なく不利なので絶対に避けるべきだ。レコーディングの場合は、ハンド・マイクではないことがほとんどなので、距離を変えるためには自分が動くことになる。

　レコーディングでは、歌っている姿はリスナーから見えるわけではないので、本来大きなアクションは必要ないわけだが、感情移入するあまり、顔を上下左右に動かすことで、マイクの正面を外してしまうことが多い（**写真1**）。そのせいで**歌詞が聞き取りにくくなる**ケースが意外なほど多いので気をつけたい。もちろん、自然と感情が顔に表れるのは決して悪いことではないが、**ジェスチャーが大きいために、マイクからの距離や角度が不安定になったり、声をコントロールできなくなっている**例をよく見かける。特にオンマイクの時は、動いた時にそれが音に現れる変化率が高いので注意が必要だ。気持ちだけが先行しても、メッセージは伝わらない。

　マイクを口から離すと、音量が落ちるだけではなく、先述した音の特性から、高い周波数成分に比べて拡散性のある低音域ばかりが大幅に減ることになる。**逃げてしまった低域は、マイクアンプやフェーダーでゲインを稼いでも取り戻せないため、結果的に痩せた音になってしまう**から注意しよう。

　それから、声量に合わせて距離をコントロールすることで、レベルが一定に保て、一

＊2　ダイナミック・レンジの小さい音響装置で歪んだ経験があるような人が無意識でやっていたり、「私の声は良く通るでしょ！！」とアピールしているつもりのようだが、実際には声が細くなってしまうので、オペレーターが補正している。それから、後の章で詳しく書くが、適切なコンプレッションによって歌いやすくなれば、そんな必要はなくなる。

理あるように見えるかもしれない。しかし、音圧は距離の2乗に反比例するから、明らかに距離を離してしまうと一気に音圧が落ちてしまう。レベル変動と距離の関係を適切にキープすることなど不可能だから、結果的にマイクが拾う音量、すなわち録音レベルが不安定になって、後々ミックスで困るだけだ。

　基本的には、マイクと口の距離は一定が望ましく、音量は歌いながら調整するのではなく、すべてミックスで調整するべきなのだ。

　特に、深いコンプレッション処理をしていると、少々距離が離れたり正面を外しても、レベルが落ちた感じがしないので、マイクのセンターを外していることに気付きにくいもの。それだとアーティストのためにもならない。悪い癖は、本人が気付かないと直らない。

　ライブ・ステージでも、レコーディング・スタジオでも、**ボーカリストとして実力のあるアーティストは、マイクとの距離や角度を一定に保っている**。普段ほとんど公開されることのないレコーディング現場では、スタンドに立ったマイクに向かい、正確に口の位置を保つようにして歌っている（**写真5**）。

　一方ライブでも、ハンド・マイクはもちろんだが、ピアノやギターなどを弾きながら歌うケースで、スタンド・マイクであっても、体は自由に動かしながらも、口とマイクの関係は常に一定に保っている（**写真3**）。

　なお、保つための工夫として、ダイナミック・マイクのグリルを唇や顎に当てた状態で歌うことで、一定の距離をキープしている人もいる。しかし、ボーカル・マイクは、単一指向性のものが多いため、近すぎる事で起こる、不要な低音域が膨らみすぎる"近接効果"も避けたいところだ。最低でも数センチは空けるべきだろう[*3]。

　また、安全面においても、マイクに接触すると感電の可能性もあるので、注意したい。ライブハウスなどで、機材面のことには関与できないような場合は、その応急対策としてスポンジのカバーを付けることも考えられるだろう。

＊3　近接効果を起こさないように、考慮した構造になっているマイクもある。例としては、Electro-Voice／RE20、RE320や、SHURE／SM7Bがある。

2-1

写真1：気分が入り過ぎて、マイクの正面を外すこともある

写真2：声を張るときにマイクを離す人がいるが、これは機器のダイナミック・レンジが狭く、良質なコンプがない時代の名残り。実際は声が細くなるだけなので、マイクの位置は固定して、エンジニアに任せた方が良い。

2章　レコーディングの手順

写真3：ハンド・マイクでは、顔が動いてもマイクが付いてくれば問題ない。

写真4：スタンド・マイクで顔を動かすとマイクから外れてしまう。

2-1

写真5：背筋を伸ばして、口の正面にマイクが位置するようなところでレコーディングするのが基本。

■マイク選びは自分の耳で

　ボーカル録音必携のアイテムであるマイクだが、ダイナミック／コンデンサー／リボン・マイクに大別され、回路的にはチューブ／ソリッド・ステート、物理的にはダイアフラムの大きさなど、様々な種類がある。その機構の違いによる音の傾向はあるけれど、実際には構造の違いよりも音の好みが優先されるわけで、最終的には自分の耳で選ぶしかない。カタログやホームページの情報、インターネット上の評判だけで機種を決めたり、価格だけで購入店を選んだり、入手が楽な通販サイトから手に入れたりせず、**必ず実際にボーカリストの声を通して、耳で選ぼう**。実際に自分の耳で試してみることができるショップやスタジオで、機種を選ぶようにしよう。

例えば食べ物を選ぶとき、テレビ番組でタレントさんが薦めるものをそのまま鵜呑みにして選ぶか、自ら試食した上でジャッジするかの違いと同じだ。前者は、番組制作者や出演者の何らかの意図が入っていて、必ずしも純粋であるとは限らないし、食べ物や味の好みなんて千差万別だ。出身地の違いや、タバコやお酒などの嗜好品を好むかどうかによって舌の感度も全く違う。それなのに「これが1番美味しい！」なんて自分で食べもしないで決められるわけがない。いわんや音はもっと微妙。音楽の種類や好みも非常に幅広く、食べ物のように法律で決められた衛生上の基準さえもない。体験ブースを設けているショップもあるので、録音すべきボーカリストの声を実際に録音してみるなどして、必ず自分の耳で選ぼう。

■コンデンサー・マイクを手に入れよう

とはいえ、簡単にテストできないという人のために、私のお勧めを紹介しておこう。私の考える必須アイテムは、コンデンサー・マイク。なぜならその繊細さや、ダイナミック・レンジと周波数レンジの広さから、生々しく録音できるから。素直に録音できれば、ミックスの段階でアタック感やパワー感を出したり、逆に鈍らせて太くしたりすることも可能だ。また、ボーカルだけでなく様々な楽器にも使えるため汎用性も抜群。多くの場合ダイナミック・マイクのように安価ではないが、マイクの価値は、それを手に入れることで完結するのではなく、それを使って録音したボーカルが永遠に残ることにあるのだ。一瞬の空気の揺らぎさえも収めるのがマイクなのだから……。人間の身体にUSBやAES/EBUのコネクターが付くことはなく、声や耳がアナログである以上、マイクは永遠に必要。その性能をボーカリストやエンジニアのテクニックによって変えることはできない。マイクプリやADコンバーターよりも、**まずマイクに予算を割り当てるべき**だ。

録音機材や楽器は相当高価なのに、ボーカルは、数千円とか1万円程度のマイクでレコーディングしている光景をよく見かけるが、音の入口で十分な情報量を取り込めなければ、その後で、どれだけ素晴らしいプラグインを通そうが、どれだけ頑張って音作りしようが、**ないものはない。逆に、あるものを削ることは可能**なのだ。

本当に歌が好きなら、新しいスマートフォンを追いかけたり、旅行や飲み会に費やす分をちょっとだけセーブすれば買えるのだから、頑張って手に入れよう！　価格に対す

2-1

る価値観を見つめ直してほしい。マイク自体に投資することが意義深いわけではなく、高品質なマイクを使うことで良い録音ができることにある。その声は一生残るのだから。**その歌は未来にまで届けられる**のだから。

　ボーカリストにとってのマイクは、演奏家にとっての楽器と同じ。自分にベストなマイクを持ちたい。信頼のおけるプロフェッショナルに相談しよう。ちなみに、Kim Studioでは体験レコーディングやセミナー、オーディションなどを行っているので、ボーカリストに直接ご相談頂いたり、エンジニアにベストなレコーディング方法やミキシングについてご相談頂くなど、是非気軽にご連絡頂きたい。

■ダイナミック・マイクだってOK

　ただ、今すぐに良質なコンデンサー・マイクを買うための軍資金を用意できない場合や、当座は手元にあるダイナミック・マイクで乗り切りたいという場合もあるだろう。

　マイクのセレクトで、こんなエピソードがある。ある大物ロック・シンガーから「ハンド・マイクで歌うと気分が出る」と言われ、彼がいつもライブで使っているダイナミック・マイクSHURE／SM58で録音したことがある。その音響特性だけを言えばコンデンサー系には敵わないのだが、ここで大切なことは、ボーカリストの気持ちの充実で、それはマイクの性能や価格を遙かに超越してしまうこともあるのだ。先に述べたことと相反することのように思われるかもしれないが、録音のテクニックによってマイクの性能をそれ以上に引き上げることはできなくても、**録音のシチュエーションをボーカリストにとって最適なものにすることで、歌に込められた魂を最大限に引き出すことが可能**なのだ。ボーカルとしての質や伝わってくる魂は、音響特性よりも重要なのだ。1章では、ボーカリストのための環境作りについても書いているので参考にしてもらいたい【→1-4参照】。

■ハンド・マイクも悪くない

　レコーディングではマイク・スタンドに固定して収録する。その理由は、レコーディングで使用する高性能なコンデンサー・マイクは、大きくて重いためであり、口との距

離や角度を一定に保つには、ハンド・マイクは決して悪くなく、むしろ有利とさえ言える。顔や体の動きに合わせて、マイクを持った手を一緒に動かせば、口との距離が変わらないからだ。スタンドに立てたマイクでは、身体が少しでも動くと、その分だけ距離も角度も変わってしまうため、レベルや音質が変化してしまう。しかしハンド・マイクでは、そういった状況をほぼ一定に保つことも可能なので、ミックスでのレベル・コントロールはとても楽になるわけだ。仮に、あえて距離や角度を変えることで、収録される音に変化をつける狙いがあった場合でも、ハンド・マイクなら狙った通りにコントロールすることが可能だろう。

　ハンド・マイクは一般的に、安価なダイナミック・マイクをイメージするかもしれないが、形状的にも一般的なダイナミック・マイクと変わらないスタイルのハンド・ヘルド・タイプで高音質なコンデンサー・マイクもあり、レコーディングに積極的に使いたくなる音質の物も存在するので、固定観念を破って積極的に使ってみて欲しい。

　また、ライブで使用されるワイヤレス・マイクも、コンデンサー・マイクはもちろん、デジタル・ワイヤレス方式も増え、音質的にもワイヤードと比べても遜色ないレベルになっている。

　私は、あえてスタンドに固定した一般的なレコーディング・スタイルではなく、ハンド・マイクのSENNHEISER／e945を使うことがある。また、ライブ・レコーディングはもちろんのこと、ライブっぽいパフォーマンスで歌うことで気分が乗るならと、あえてワイヤレス・マイクでボーカル・レコーディングすることもあるくらいだ。ただし、**マイクの軸を外さず距離を保つことだけは注意したい**。SENNHEISER／D9000はワイヤレスながらレコーディングに使える質感で、かつカプセルも選べるため、私がコンサート演出したりKim Studioで原盤制作する際にも使用している。

■ウインド・スクリーン

　それからハンド・マイクで気をつけたいことは、マイクが口に近すぎるとマイクが吹かれるケースが多いので、その修正が必要になることもあるだろう。マイクを吹かれると、低音域にピークができたり、ダイヤフラムを覆うグリル（金属製の網）に息が当たる音を拾ってしまう。特に帯域の広いコンデンサー・マイクでは、その予防が重要になる。

2-1

　レコーディングでは、ポップ・ガード（ポップ・ノイズ・フィルター）や、ウインド・スクリーンを使用することで、吹かれを軽減することも可能だ。色々な製品が市販されているし、簡単に自作することもできるだろう。しかし、スクリーンやフィルターがどんな素材で作られているかによって、音質は明らかに違ってくる。スポンジやストッキング・タイプより、金網のメッシュ構造がおすすめだ。具体的には、布素材ではなく特殊な金属メッシュを使用したSTEDMAN／Proscreenシリーズをお薦めする。音質の変化がなく、直接息が掛かってもスクリーン自体でノイズが発生しない。

　その一方で、実は鍛錬されたボーカリストの場合は、こうした対策は必要ない。ウインド・スクリーンがなければ歌が録れないようでは、発声のトレーニングをする必要があることも認識しよう(*4)。

写真6：ウインド・スクリーンは金網のメッシュ構造のものがおすすめ。布張りが一般的だが、高域が失われるので避けよう。特殊加工を施してあるため、音は通し、風は方向を変えさせ、マイクに当たらない。①はセッティング例。マイクはSHURE／KSM44A　②近くで見ると③メッシュ（網）になっているのがわかるだろう。金属製なので、アルコールを含んだウエット・ティッシュで拭けるため衛生的。唇が触れることもある物なので、アーティストごとに用意し、時折洗浄することも忘れないように。

＊4 加工せずに、素のままの声をモニターすべきか、あるいは、EQやコンプなどである程度加工した音をモニターすべきかは、様々な考え方がある。筆者は後者をお勧めしているが、ここでは、補正した状態でモニターさせない事で、ボーカリストの間違った歌い方に気付かせることが狙いだ。これは後述するロー・カット機能も同様だ【→2-2参照】。

2章　レコーディングの手順

■ノイズ対策

　ボーカル録音時に注意したいのは、足音や共振に由来するスタンドや床からの振動。これもノイズの原因になる。そこで、マイクをゴムで支えて空中に浮かすことにより、振動を軽減するショック・マウント・アブソーバー（サスペンション・ホルダー）を使ってみよう。ただ、効果を発揮しておらず、見た目だけになっているケースもある。例えばゴムが古くなり伸びて弾性を失ってしまい、空中に浮いているべきマイクが周りのフレームにぶつかる音が録音されてしまうこともあるので気を付けよう。

　専用のサスペンション・フォルダーが高価だったり、そのような物がない場合もあるので、簡易的に対処する方法として、マイク・スタンドの足の下に防振ゴムを敷く方法がある（**写真7**）。この場合、比較的ソフトなタイプを選ぶことをお勧めする。意外なほど効果があるから、サスペンション・フォルダーを使う場合でも、さらにこの方法を実施してダブルで対処するのも良いだろう。

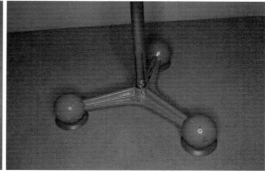

写真7：マイク・スタンドの下に防振ゴムを敷くことで、足音などのノイズがマイクに混入することをある程度避けられる。

2-1

■マイクの持ち方、扱い方

ハンド・マイクは、その持ち方によってはマイクの性能をフルに発揮できないので、その注意点を伝えておこう。

まず、グリル（頭部）を握るのは良くない。手でグリルを覆うように握ると、本来の特性が得られないばかりか、ライブではハウリングしやすくなったりする（**写真8**）。

それから、コネクター部（ケーブルがコネクトされている下の方）を持つのも良くない（**写真9**）。コネクターの接触不良を招きやすいし、重さのために軸がふらつき、口との角度が不安定になる。

写真8：グリルを握るとハウリングしやすくなるし、指をかけるだけでも特性が悪くなる。

写真9：コネクター部分に力がかからないように注意する。

写真10：正しい持ち方。グリルにもコネクターにも指がかからないようにする。

2章　レコーディングの手順

写真11：転がり防止のリングをマイクに装着しておくと転がって落下する危険が減り、置いた際のショックも軽減できる。

　マイクの持ち方に関する話題ではないが、マイクのオプションとして、転がりを防止するリングがある。これをマイクに付けておくことで、転がって落下する危険が減る。また、マイクをテーブルの上などに置く際にグリルが直接ぶつからず保護にもなり、誤ってミュートせずに卓の上などに置いてしまった際の衝撃音も幾分は優しくなる。**写真11**は、SHURE／A1Kだが、カラフルな社外品もある。こんな些細なもので、大切なマイクが守られるのだから試してみてほしい。

2-1

　マイクのグリルは、クリーニングすることができるので、ツバが付くなどして臭いを感じるようになったら、綺麗にしよう[*5]。

　また、ぶつけたり、落としたりしてグリルが凹んでいるマイクを見かける。落とすこと自体、論外だが、凹んでしまったものはしょうがない。性能に支障が出ていないなら、せめてグリルを交換して気持ちよく歌ってもらいたい。口に近づけ、場合によっては唇に触れたりするものだ。数千円で気持ちよく歌えるなら、交換してもいいだろう。

[*5] クリーニング方法は、機種や使われている素材によっても異なるので、マニュアルなどで調べてもらいたい。ここでお話ししているのは、グリルの話であって、くれぐれもダイアフラムを素人が洗浄したりしないように……。

> **! Tips ～音の魔術師が明かす㊙テクニック**

マイクを傷めないセッティング方法

　マイクをセッティングする際、どんな手順でセッティングしているだろうか？　おそらくは、マイク・スタンドにマイクを付けてから、マイク・ケーブルを這わせていることだろう。これは信号の流れを考えた妥当な方法で、一般的なやり方だ。ここで注目したいのは、**スタンドにマイクだけが付いている時間がある**ことだ。これはボーカル録りの現場に限らず、ドラムのセッティング風景や舞台でも同じで、マイク・スタンドが立ち並び、その先端にマイクだけが付いて並んでいる光景をよく見かける。

　しかしこの方法には大きな落とし穴がある。それは、マイクがフォルダーから抜け落ち、**床まで落下してしまう可能性がある**ことだ。また、サスペンション・フォルダーに取り付ける際に手こずったり、ゴムが老朽化して切れたりして、マイクを手から滑らせて落下させてしまうことも考えられるのだ。それを防止するためには、マイク本体を持ち出す前に、スタンドにマイク・ケーブルを這わせておき、まずマイクにケーブルのコネクターをしっかりとした差し込み、それからスタンドやフォルダーにマイクを取り付けることだ。そうすれば、**万が一手から滑り落ちたりしても、ケーブルによってぶら下がり、床までダイレクトに落ちることは避けられる**。

　大切なマイクだ。衝撃で壊したり特性が悪くなることは、絶対に避けたいと思う。他所のスタジオやホールに行くと、グリルが凹んだマイクに出会うことが頻繁にある。悲しいことだが、そんなマイクは使いたくない……。

　それから、マイク・ケーブルの長さに余裕があった場合、余ったケーブルはどこに貯めて（丸めて）おくだろうか？　多くの場合、マイク・スタンド側ではなく、壁側とか機材に近い場所だろう。しかし、もし、立てる位置を変更する可能性がある場合は、スタンド側に余りを貯めておくと、作業がスムースだ。しかし、位置が決まっていたり、お客様から見えるステージでは、マイク・スタンド周りはスッキリとしておきたい。もちろんボーカリストの導線にケーブルが横切るなど、もっての外だ。

2-2

美しい録音レベル

　録音レベルの設定は、非常に重要だ。基本的にはオーバー・レベルしない範囲で最も大きく録音すればよいのだが、実際にやってみると録音の最中にオーバーしてメーターが振り切れたりしてはいないだろうか?

　実は、これはマイク・プリでのゲインの稼ぎすぎという単純な問題だけでなく、他にも複雑な要因があるのだ。

■ひずみなき録り音を得る

　ボーカルを録音するにあたり、マイク・プリのゲインを調整するわけだが、このレベルの設定は意外と難しい。録音レベルの余裕＝クリップ・マージン（以下マージン）を考えに入れておくことが大切。リハーサルでレベルを決めたつもりでも、本番になったり、歌い込むことで次第に音量が増していき、気が付くとピークに達していることは決して珍しくない。だから、最大音量時でも、-6dBくらいのマージンをみておくと良いだろう。-6dBは、電圧（波形の高さ）では、半分になってしまうので、もったいない気がするかも知れないが、24bitのレコーディングであるなら、あまり気にする必要はなく、それよりもクリップしてしまうことの方が遙かに危険なのだ。特に設定が難しいのは、かなりオン・マイクで歌うボーカルと、パーカッシブな楽器だろう。予想を遙かに超えるレベルになることが多いので、十分なマージンが必要となる。かといって、マージンを取り過ぎてあまりにも低いレベルで録音すると、分解能が悪い情報量の少ないサウンドとなり、S/N[*1]も悪化してしまう。双方のベストなバランスを試行錯誤しよう（**図1**）。

　適正レベルで録音する目的で、コンプレッサーを使う方法もあるが、私はお勧めしない【→4-5参照】。コンプを使うにしても掛け録りではなく、モニターにだけ掛けることをお勧めする【→2-3参照】。

---

*1　S/N：Signal to Noise Ratioの略で、音声信号とノイズの比率。ノイズが大きいことを「SN（エスエヌ）が悪い」と言う。

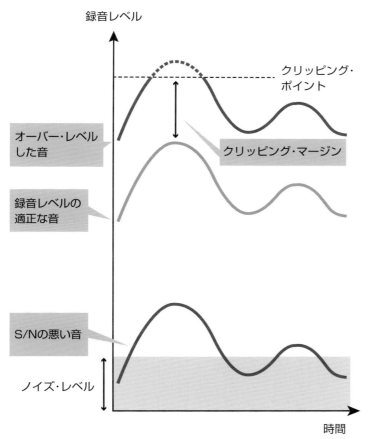

図1：適正な録音レベル。DAWや音響機器の中にはクリッピング・ポイントというレベルの限界点があり、入力された音がこの数値を超えるとひずんでしまう。これはオーバー・レベルと呼ばれている。音は基本的にクリッピング・ポイントよりも下のレベルで扱う必要があるが、レベルがあまりに低いとS/Nが悪化してしまう。ひずみがなく、S/Nの良好なレベルがオーディオ的に適正と言える。

■マイクとの距離

　マイクと音源との距離によっても、マージンの持ち方が全く違ってくる。**オン・マイクでは、僅かの距離が変わっても、大きくレベルが変動する**。例えばボーカリストが歌いながら10cm程度離れることはよくあるだろうが、マイクから1mの距離で歌っていた人が、10cm動いてもさほどレベルは変わらないが、マイクの直前10cmの距離で歌っていた人が20cmに離れると、大きく変動する。比率にすると、前者では10%程度なのに対して、後者は倍の距離と、非常に大きな違いとなるからだ。つまり、**マイクに近いほど録音レベルは変化しやすいので、そのことを考慮してマージンを決めてほしい**。これは、

2-2

コンプレッサーのスレッショルドに対しても同じで、その掛かり具合に大きく影響することになる【4-2、4-3参照】。

　繰り返す。ボーカリストは本番になるとつい力が入ってしまうもの。マイクとの距離も、気がつくと、どんどん近づく人もいれば、逆にのけ反りながら歌い出す人もいる。リハーサルでいくら音量を確認しておいても、本番になるとそれを上回るレベルが入ってくることを予測して、リハーサル時より少し多めにマージンを取っておくことを忘れないで欲しい。その配慮を忘れてオーバー・レベルしてしまい、せっかくのベストテイクが歪んでしまって使えず、もう一度歌ってもらわなければならないなんて、最も避けなければならないことなのだ。

■モニターに左右されるピークレベル変動

　歌っている最中にモニター音量を変えることは避けよう。ボーカリストの声が次第に出てきたことで、マイク・プリのゲインを下げると、ボーカリストのヘッドフォンへの返しのレベルも落ちるので、歌っている方としては、自分の声が十分に出ていないように感じて、さらに大きな声で歌おうとすることになりがち。その結果、アーティキュレーション・コントロールに乏しい歌になってしまう。そうならないためにも、十分なマージンを持ったレベル設定が大切なのだ。

■感情を込めるとレベルは上がるものなのか？

　気持ちが盛り上がってくると、どうしても音量が大きくなりがち。大声で絶叫あるいは熱唱すれば、良い歌が歌えると思ったら大間違いだ。**ライブでは、その視覚効果も手伝って効果的であっても、録音では事情が異なる**。大きな声を出せば音量は上がるが、レコーディングでは録音できる最大レベルは限られているのだから、ゲインを下げて録るしかなくなる。

　叫んだ声は倍音の量が増えるため鋭い音になるが、録音レベルは、何処かの周波数帯

2章　レコーディングの手順

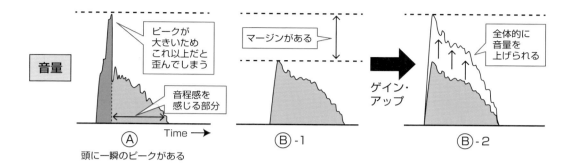

図2：Aは、叫んだ時の波形。B-1は、ピークをコントロールして歌った波形。音量に注目すると、Aの頭には、一瞬のピークがあることで、これ以上レベルを上げられない。Bにはピークがないので、マージンが十分にあるため、全体的にレベルアップすることができる。結果的に、B-2となってAよりも存在感のある音になり、音程感もしっかりと聞き取れる。

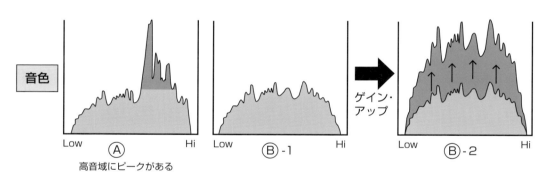

図3：今度は、音色（＝周波数）に着目してみよう。叫んだことで、Aには高音域に大きなピークができている。B-1には、極端なピークがないため、全体的に音量を上げることができる。全帯域で音圧を稼げるので、Aに比べて、B-2では中低域が充実した太い音が得られる。

域でピークがあれば、それに合わせることになるので、相対的に音程感を決めるフォルマント【→4-4参照】帯域のレベルが小さくなってしまい、結果的に細い音になりがち（**図2、図3**）。

　レコーディングでは、録音レベルを上げれば音量なんていくらでも稼げる。だから大きな音など必要ない。大切なのは、**マイクを通る声が魅力的な音色になるよう意識し発声をすること、表現力をコントロールしやすい音量で歌うこと**なのだ。強く歌うことで情熱が伝わると思い込んでいるとしたら、それは間違いであることを肝に命じて欲しい。

2-2

街頭で、マイクを握ってがなっている演説のようだったり、カラオケ・ボックスで自己陶酔しているような歌では、決して心が動いたりしない。

　平均的な音量を落とすことで、ピークに対するマージンができて、ダイナミクスを有効に使うことができるようになる。また、ダイナミクスのコントロールによって生じる音色変化こそ、表情や表現力になるのだ。あなたの心を掴んで離さない大好きなシンガーの歌が、力一杯熱唱しているように聞こえていても、実は歌っている音量はさほど大きくない……という事実は、意外と知られていないだろう。勘違いしないでほしいのは、「力を抜いて楽に歌え」と言っているのではない。あくまでも"大きな音量"で歌い続けることが最良ではないということだ。音量は、表現の1つの手段であり、その変化こそが表情として大切だ。

　特に英語では、子音でアクセントを表すためには、瞬間的なパワーが求められるが、日本語では母音で伸ばすことになるために、どうしても大声でがなって歌ってしまいがち(*2)。**アクセントを表現する**ためには発声を自由にコントロールするためのパワーが必要。これこそが、レコーディングによって良い音、良い歌、そして良い音楽を作る秘訣なのだ。コントロールしたボーカルであれば、レコーディングしているうちに、音量がどんどん上がるようなことはない。

　これは楽器の録音でも全く同じことが言える。強く演奏するほど、音量が上がると同時に倍音が多く出ることになり、鋭い音になる。楽器の場合は、ボーカル以上にピーク成分があるので、レコーディングでは相当レベル設定を下げて録音するしかなくなってしまい、かえって細い音になってしまうわけだ。太い音（低音にエネルギーがあったり、重量感のある音）が欲しければ、強く弾きすぎないことだ。例えば、低音がズシリと効いたバスドラムの音が欲しければ、強く叩くのではなく、比較的ソフトに叩くことで倍音やアタック音を抑える。音量自体は小さくなるが、レベルは録音する際のHAのゲインやコンプによって稼ぐことで、太くて存在感のあるバスドラムの音が作れる。パワフルに踏んだバスドラムからでは、どれだけ頑張っても絶対に作り出せない、イイ音になるのだ。

＊2　日本語のボーカルでは、音量変化よりも音色変化が重要だ。英語のようにアタック成分が少ないからだ。詳しくは、【→3-3】で解説している。

■波形に騙されない

　ちょっと難しいかもしれないが、実際の録音レベルと聴感上のレベルに、大きな違いがあることも覚えておこう。例えばキックとベースの波形を見比べてみると、キックはアタック部分の録音レベルが突出して大きくなっているが、ベースの波形はあまり変化しない場合が多い。だから、キックだけがアタック部分でクリップすることになりがち。それでも聴感上のレベルは、まだキックの方が小さく聞こえたりする。聴感上のレベルや波形の高さに惑わされず、レベル・メーターなどでピークをチェックしながら録音レベルを決めていこう。

■美しい録音はモニターで決まる

　録音レベルは、歌唱する音量とマイク・アンプのゲインの相関関係で決まるが、実はボーカリストが発する音量は、モニター音量やモニター環境に大きく左右される。このボーカリストがどのくらいの音量で歌うのかは、モニターが重要な鍵を握っている。分かりやすい例を挙げれば、ヘッドフォンやイヤフォンをしたままの人が隣の人に話しかける時、妙に大きな声になっていることがあるだろう。あれは、イヤフォンやヘッドフォンに遮られて自分の声が聞こえないから、思わずそうなっているのだ。つまり、自分の声がしっかりと聞こえないと、必要以上に大きな声を出してしまう。これはボーカル録音でも同じ。ヘッドフォン・モニターで歌う場合、声が十分に聞こえるようにしないと必要以上に大声で歌ってしまいがち。それは、ボーカルの音量だけの話ではなく、バック・トラックにかき消されたり、邪魔になる音につられて歌いにくかったりすると、知らず知らずのうちについ大きな声で歌ってしまうことになる。

　何度でも言うが、**理想的なボーカルトラックを作るためには、やたらと大声を張り上げないことがポイント**。ライブではステージで絶叫しているボーカルがエモーショナルに見えるものだが、録音では少し事情が違ってくる。前項でも伝えているように、大きな声が有利なわけではない。小さい声でもゲインを上げれば大きくなり、録音レベルは同じにすることもできる。だから、レコーディングにおいては量より質であって、望ま

2-2

しい音色と表情豊かな表現力なのだ。

　では、どのくらいの音量で歌えば良いか？　その答えは、**一番いい声で響く音量**だ。音量によって強弱をつけようと意識するよりも、**音色を変化させるために歌い方を変える**という意識を持つと良いだろう。

　音楽は、ピアニシモ（極めて弱い音）があるから、フォルティシモ（極めて強い音）が効いてくる。これを忘れないでほしい。フォルティシモを強い音として聴かせるためには、ピアノやピアニシモの存在が不可欠なのだ。音量変化があることで、音楽表現が豊かになる。

　コンプレッションすることでレベルを平たんにして、まんべんなく聞かせることが美徳のように語られがちだが、それは必ずしも正しいわけではない。

　豊かな音量変化を活かすためにも、マージンを考えることは必須と言える。

■ロー・カット・スイッチは入れない

　さてマイクはロー・カット・スイッチを備えている場合がある。例えば、150Hz以下の帯域を-6dBでカットする…というような機能だ。それをONにすることで、不要な低音域のノイズをカットしたり、吹かれを目立ちにくくすることができるのだが、私はほとんど使わない。歌声として発せられる最低音より下の低域成分は必要でない…と考える人もいるが、息が出る瞬間の空気の動きとか、それは"気配"としても感じられるものなので、カットしたくはない。**その空気感の中にも魅力はある**のだ。

　たとえミックス時には不要になる帯域だとしてもそのまま録音しておき、必要に応じてモニター回線上でカットしておき、最終的なミックスですべてを判断しよう。とにかく、できるだけ素直にそのまま録音しておくことが重要。もちろんマイクの位置やHA（ヘッドアンプ）のゲインなど、重要なポイントを押さえた上でのことだ。

　ただし、ロー・カット・スイッチが有益である場面もある。「掛け録り」を行うときだ。レコーダーへのインプット前に、コンプレッサーを入れて、その音を録音する際は注意が必要だ。マイクが吹かれたら、異常なコンプレッションが働いて台なしになってしまうからだ。その場合、ロー・カットは非常に有益となる。とはいえ、そういった意味でも、掛け録りはせず、モニター系だけにコンプを掛けておき、ミックスで適切な処理をすることをお勧めする。もし吹かれてしまった時は、トラック全体にロー・カットEQをイ

ンサートするのではなく、その箇所の範囲を指定してロー・カットした波形を書き出そう。それは最小限の加工で済むようにするためだ。

どうしても気になるのであれば、ごく低いところだけカットしておこう。最低音の基本周波数より下の音は出ていないのでカットする……と考えるのではなく、耳で聴いて判断したい。

また、ロー・カットを入れたまま録音作業を進めると、ボーカリスト自身が吹かれを感じなくなる。それでは歌唱テクニックやマイクの使い方も上達しないので、それを実感できるようにする意味でも、避けるべきだと考えている。

掛け録りをしないということでは、コンプだけでなくEQも同じ【→4-5参照】。煮てしまった魚を持ってきても、それで刺身は作れないし焼き魚もできない。ミックスで自由に調理するために、**いかに生々しく録っておくか**が勝負だ。

■パッド・スイッチ

パッド・スイッチは、ボーカル録音では必要ないだろう。これは、マイクに入る音圧が高すぎる場合、例えばパーカションや金管楽器などの大音量楽器をオン・マイクで録音する際などに、オーバー・レベルを防ぐためのものだ。ボーカル録音をする際に、妙に音圧が小さいと感じたら、パッド・スイッチが入ったままになっていないかを疑ってみよう。他の目的で使用した際に入れたままにしてあったり、マイク・スタンドに固定する際に、動いていたりする場合もあるので、目視で確認するだけでなく一旦On/Offを切り替えて、改めて確実にOffにすると良いだろう。

2-2

> **Tips** 〜音の魔術師が明かす㊙テクニック

オーバー・レベルを回避できるパラレル・レコーディング

　実は録り直しが簡単にできるかどうかによっても、録音レベルのマージンの考え方は、大きく違ってくる。録り直しが不可能だったり、レベル変動の予測が付かない場合は、マイクからの信号を分岐し、ゲインを変えたマイク・プリを複数台用意して、録音レベルを変えた複数のトラックで同時に録音し、結果を見てから適切なレベルで録音ができたトラックを残すという方法もある（**図A**）。

　例えば、ライブ・レコーディングでのボーカル・マイクのレベル設定は、非常に難しい。同じくオーケストラの3点釣マイクなどは、ダイナミック・レンジが極めて広く、レベル設定に悩むものの1つだ。また、急に大きな声を出す可能性がある、アニメのアフレコ現場などでも、この手法を使うことで、安心してレコーディングに臨むことができる。オーバーレベルして歪んでしまったことで、もう一度レコーディングし直すことは、エンジニアにとって、絶対にやってはいけないことなのだ。**一期一会の一瞬のプレイの中に、歴史に残る名演がある**のだから。

　ミックス時には、歪まない範囲で最大レベルのトラックを1つだけ選ぶのもいいが、ピアニシモ部分やフォルティシモ部分などに応じて最適なレベルのトラックを切り替えて使用することも可能だ。そうすることによって、常に最適なダイナミック・レンジと高いS/Nが得られる。もちろん再生に使うトラックの音量は、録音時のゲイン差分を補正する必要がある（**図B**）。

　マイク回線を複数のマイク・プリにバラすには、トランスを使ったスプリッターがお薦めだ。私は、CURRENT／CSP911 MIC SPLITTERを使用している（**写真A**）。

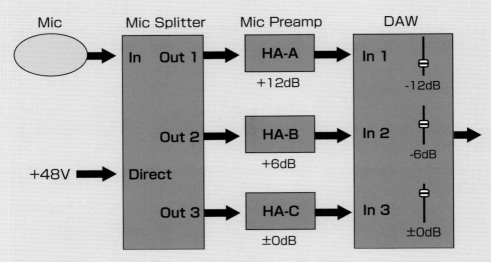

図A　1本のボーカル・マイクを、マイク・スプリッターで3分岐して、3台のマイク・プリに送る。3台のマイク・プリは、ゲインを変えて、DAWの3つの入力に送り、3トラック同時に録音する。

2章　レコーディングの手順

図B　上は世界的なロック・ボーカリストの歌を実際に録音したデータ。非常にダイナミクスがある歌唱法なので、レベル設定が難しかったが、この手法なら安心してレコーディングできた。録音レベルが小さ過ぎたり、大き過ぎてオーバーレベルしている部分はミュートし、適切な録音レベル部分のみを選ぶことで、すべてのパートで最適な音質が保たれている。

右はDAWのフェーダー。マイク・プリのゲイン差を補正するように設置することで、本来のダイナミクスの通りに再生できる。実際には、セクションごとに、EQやコンプの設定を変えることで、より的確な音作りができる。【→4-3参照】

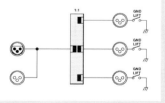

写真A　筆者が使用しているマイク・スプリッター。Jensenトランスを使用した優れモノ。トランスでアイソレーションされているため、3台のマイク・プリのインピーダンスが互いに干渉することなく、全く同じ条件で録音できる。右の図は内部配線のイメージ。ファンタム電源を必要とする場合は、ダイレクト・アウトから送る。

2-3

歌いやすいモニター・ミックス

　録音で大切なのはボーカリストへのモニターだ。ボーカリストには聞き取りやすく歌いやすいモニターを返す……それが基本。モニターの質は、仕上がりを明らかに左右する。しかし歌っている本人はそれに気が付かないもの。もしモニターに関して、エンジニアに的確かつ具体的なリクエストができるボーカリストがいたならば、その人はレコーディング慣れしたプロフェッショナルに違いないだろう。

　では、ボーカリストへのモニターはどうあるべきかを伝授する。コンプなどの細かい設定はともかく、まずは手順や流れを理解してほしい。

■ボーカル・モニターのEQ&コンプ

　まず、ボーカル・マイクのモニターは、コンプやEQを通して聞き取り易く歌いやすい設定にしてヘッドフォンに返す(*1)。録音時には、オケにもボーカルにも、それに相応しいコンプが必要だが、レイテンシーが大きいプラグインは使えない。ボーカル・トラックは勿論だが、オケのトラックに関しても、レイテンシーによってグルーヴを乱していることもあるから、十分に注意しよう。特にダイナミクス系のプラグインでは、レイテンシーの大きいものが多いので、事前にチェックして一定以上の遅れがあるものは使わ

---

*1　掛け録りはせず、モニターでのみ使用する。モニターには、コンプを入れないというエンジニアもいるが、私は歌いやすくするために、穏やかなコンプレッションをお勧めする。コンプやEQの設定に関しては、4-1～4-4で詳しく解説

*2　プラグインを使用することで、レイテンシー（遅延）は少なからず必ず生じる。どのくらいからが支障になるのか…それが問題だ。現状では、1msecに満たない遅れは致し方ないだろうが、数msecになると気になる人は多くなるだろう。最終的には、耳で聞いて気になるかどうかだが、データからわかりにくければ、新しいトラックにピンポンし、元の波形とのズレをチェックすればすぐにわかる。

*3　遅延補正は、再生トラックに対してのみ有効となるので、ボーカルを録音するトラックにインサートしたプラグインには効果がない。従ってそこに遅延のあるコンプは使えない。

*4　フィードバック・ディレイとは、ディレイが一定間隔で繰り返して聞こえてくるものを指す。カラオケなどでは、普通にそうなっている。ディレイは16分音符など、リズムと関連性を持たせることで、グルーヴ感を演出できるが、レコーディング時のモニターには不適切だ。

*5　実際のミックスでは、ディレイとの併用やプリディレイの設定などが重要になってくるが、それだけでも一冊の本が書けるくらい奥深いので、本書ではミックスに関するところまでは触れず、詳しいことは別の機会に譲ることにする。

ないようにしよう(*2)。ボーカルのモニターには、できればアナログのエフェクターがベストだ。ただし、DAWにインサートする形で使用すると、AD／DAされることでもレイテンシーは発生する。遅延補正機能が備わっているDAWも多いが、インサートで使用する場合と、アウトから出してインプットする場合とでは、補正の影響が異なるので注意してほしい(*3)。

■ボーカル録りのリバーブ

　ボーカル録りのモニターにリバーブは不可欠だが、ここで求められるリバーブは、最終的なミックスダウンとは目的が全く違う。ボーカリストのヘッドフォンに送られるリバーブは、気持ち良く歌ってもらうためだけのものだ。かといって、深すぎて細かいニュアンスが確認できないようでは、本末転倒だ。リバーブ・タイムは比較的短めにして、フィードバック・ディレイ(*4)は使わない。

　一方、エンジニア用のモニターには、仕上がりをイメージできるリバーブである必要があるので、プリディレイを16分音符に合わせたり、16分音符遅れのディレイを作り、そこからリバーブに送り出すなど、ミックスを想定した処理がベター。とはいえ、録っているときのミキシング・バランスは控えめが良いだろう。また、リバーブ送りには、適切なEQまたはディエッサーをインサートするなどして、不要な倍音でボーカルのディティールが邪魔されないようにしたい(*5)。

■オケのモニター用ミックス

　一方、オケのミックスも重要。ミックスダウンとは違う、ボーカル録音に適したミックスを作るべきだ。

　ボーカル録音時にはオケの音圧は控えめにするのが良い。むやみにキックやベースを出したり、全体として音を太くし過ぎたり、マキシマイザーなどで潰し過ぎたりするのは避けよう。各楽器のバランスが大事。全体として、心地よいビート感を感じながらも、うるさ過ぎないことが基本だ。うるさいと大声で歌いがちで、音量や音色をコントロー

2-3

ルして歌えなくなる。

　ミックス・バスでクリップしたモニターで歌わされている例を見かけるので注意しよう。通常のミックスダウン時に比べて、ヘッド・マージンを6dB程度みておく方が良いだろう。それによって、そこに生録りしているトラックが混ざっても余裕があるわけで、生音のダイナミクスをクリップさせることなくモニターすることが可能となる。

　リズム隊は十分にグルーヴを感じさせる必要はあるものの、ビートに圧倒されるようでは出過ぎ。リズム楽器として捉えることが大切だ。

　そしてコード楽器。これは、ボーカリストがピッチを保つために最も重要なものだ。だから、コード楽器にモジュレーション系のエフェクトをかけている場合、録音中はOFFにしておこう。ピッチが取りにくくなりボーカルが不安定になるからだ。

　もし楽曲のアレンジそのものがコード感を捉えにくい場合は、仮のガイド・コードをエレピ系の音色で入れておくとボーカリストが歌いやすくなる。あまり丸い音色だと、音程感を感じにくいので、ある程度倍音のある音が相応しい。もちろん揺れのない音であることは言うまでもない。

　イントロなしで歌からスタートする曲では、スタート前に音程がわかるように、ガイド音やガイド・コードを入れたり、アカペラで歌う曲やパートには、ミックスでは消すことになるものの、ガイド・コードを入れておくとピッチが安定するので有効だ。

　バランスの他、パンニングにもコツがある。各楽器をできるだけ左右に広く定位させることで、センターの歌を聞きとりやすくすることができる。歌がヌケて聞こえてくるよう、隙間を作っておいてあげるわけだ。他の楽器がセンターに集まると、音量を上げることでボーカルを聞き取るしかなくなり、結果的にリズムもピッチ感も感じにくくなる。

　一方、最終的なミックスでは、歌をバック・トラックと馴染ませる必要があるし、人によってはアラが目立つ場合があるので、もう少しオケに埋もれさせて一体感を出すような配慮も必要になるわけだが、録りとミックスは別のものであるという認識を持とう。

　いずれにしても、**こうした音圧感やバランスにも好みがあり、アーティストによって異なる**ことを知る必要がある。また、初めてのアーティストの場合は、これまでと違ったアプローチをすることを、最初は違和感として感じるものだ。例えば、強くコンプレッションされた爆音のカラオケの中で歌ってきたアーティストに、リズムがしっかりと伝わる隙間のあるオケを用意するだけで、迫力のある歌が歌えないように思われたりする。決してそんなことはないのだが、実際に歌ってもらい、それをすぐさまミックスダウン・

モードでお聞かせするなど、**コミュニケーションが大事**だし、**徐々に慣らすような工夫も必要**だろう。

■肝心なことは、歌とオケのバランス

　最も重要なことは、ボーカルとオケの音量バランスだ。キュー・ボックスの有無にもよるが、基本的にエンジニアがベストなバランスを作り提供するべきだろう。その上で、ボーカリストが自身の好みに応じて微調整できるのが理想的な環境だ。

　それから、ボーカルを含めた音楽全体にトータル・コンプをかけてモニターへ返してはいけない。声を張った瞬間にオケまでコンプされてしまうので、歌いづらくなってしまうからだ。

　また、オケの各楽器を、リズム隊やコード楽器といった属性ごとに異なるバスに組んでおこう（**図1**）。リズムを出したいのか、あるいはコード感を出したいのか……といっ

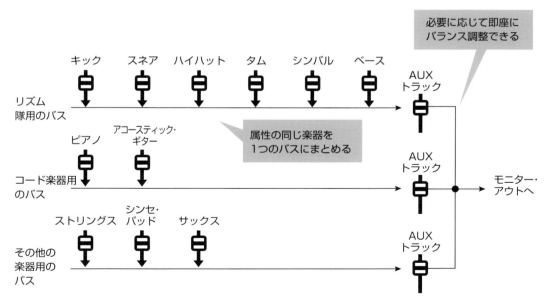

図1：バスは、いくつかのトラックをまとめるためのオーディオ信号の通り道。ドラムの各打楽器やコード楽器など、属性／働きの似たトラックをバスにまとめれば、モニター中に"コード楽器をもう少し大きくしたいな"などと思ったとき、一括して音量を上げることができる。

2-3

たバックの要素を、必要に応じて瞬時に変えることができるので、ボーカル録りにふさわしいミックスが作りやすくなる。ボーカリストからリクエストがあった時でも、エンジニアが気付いてバランスを変えたい時でも、待たせることなく処理できるので、無駄なストレスがなくなり、結果が大きく違ってくるものだ。

また、こうした処理を、ボーカル録りから行っておくことで、より深く楽曲の編成を把握できる上、最終的なミックスに入る際にも、非常にスムースに移行できる。

■あくまで"歌"中心にモニター・ミックスを作る

　私がお勧めするモニターの作り方は、カラオケより先に、まずボーカル・マイクのモニターを作ることだ。まずアカペラで声を返して、最も聞きやすい音質＆音量、そしてリバーブなどのエフェクトを作っていく。そこにバック・トラックを足していくという考え方だ。まず、カラオケが最初からある状態で歌のモニターを上げていくことが多いようだが、その環境だとどうしてもオケに負けないような声で歌ってしまう。そうすると、全体的に大きすぎる音量でモニターすることになったり、歌も必要以上にシャウトしてしまう。その結果生まれたようなボーカルをよく耳にする。つまり、**ボーカル・モニターやモニター・ミックスが悪い環境で歌ったことを感じさせる歌が多い**ということだ。無理に頑張った歌声は、音量はあっても線が細くなる【→1-3、2-2参照】。最終的なミックスでは音量に限界があるので存在感が出しにくくなる。それを無理にコンプやEQで立たせようとしているミックスが非常に多い。

　エンジニア自身が歌いながらモニター・ミックスを作ってみよう。まず、自分の声が気持ち良く聞こえて、声のニュアンスがきちんと聞き取れる状況を作った上で、それにカラオケを足していくという考え方でモニター・ミックスを作ってみてほしい（**図2**）。モニター用なので音楽的なバランスである必要はなく、必要以上に大きな音量のオケを聞く必要もない。もし、ブレイクが多かったり、タイミングが難しい楽曲であるなら、クリックも混ぜればいいだろう。小さな音量でもクリックが聞こえるようにするには、パンを左右のどちらかに振り切ることをお勧めする。

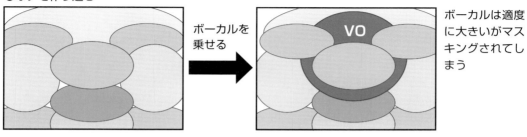

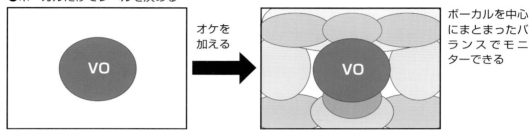

図2：先にオケのバランスを作り込んでからボーカル・マイクのモニターを調整しようとすると、ボーカルの入る場所が少なく、他の楽器にマスキングされたり、オケとバランスと取るために必要以上に大きなボリュームとなってしまうことも。録音後のミックスダウンと同じように、ボーカル・マイクのレベルを中心にその周りにオケを足していくと、バランスを取りやすい。

■エンジニア用のモニター・ミックス

　さて、ボーカル録音時のモニター・ミックスには、ボーカリストに向けたものとは別に、エンジニアが聞くために別のモニターを作りたい。なぜなら、それぞれにベストなミックス・バランスや音色はかなり違うからだ（またそれらはボーカル録音時とファイナル・ミックスでも大きく違う）。

　エンジニアのモニターは、ボーカルが聞き取りやすく、ミスやノイズを聞き分けやすい音質で、リバーブなどのエフェクトは控えめな方が仕事をしやすいが、そのままボーカリストに返すと歌いにくく、気持ちが込めにくい。それぞれに最適なモニターを作れることが理想だ。そこで、まずはボーカリストにベストなモニターを作ってあげたいところだ。DAWの中でバスをうまく組むと、ボーカリスト／エンジニアのそれぞれに適

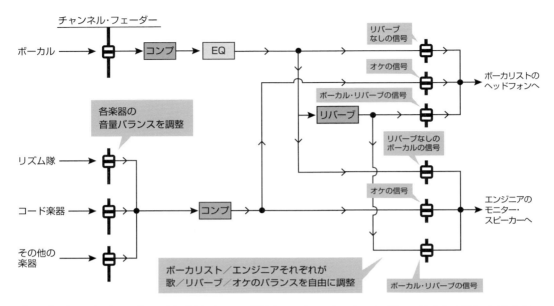

図3：ボーカリスト／エンジニアそれぞれにとって、最適なモニター・ミックスのバランスは大きく違う。図のように2つのモニター出力を用意しておくと、それぞれに適したバランスを作ることが可能。

したモニター・ミックスを作れる（**図3**）。

また、キュー・ボックスやその代わりとなる小型ミキサーがある場合は、純粋なカラオケと、ボーカルとそのリバーブをバラバラに返すことで、ボーカリストが好きにバランスを取れるようにしておくことも、あまり一般的ではないが私がよく使う1つの手法だ。

■バック・トラックの遅延に注意

ボーカル・トラック用のコンプに遅延が大きいものは使わないと書いたが、バック・トラックの遅延にも注意したい。沢山のプラグインで、リズムが乱れていることがあるからだ。

なお、遅延補正（Delay Compensation）機能が備わったDAWであれば、それを活かしたい。しかしその場合は、録音トラックには遅延補正されないような状態を作る必要がある。Pro Toolsでは、Rec Readyされたオーディオ・トラックは、遅延補正から

外されるようになっているが、それをAUXバスに送ってプラグインをインサートしたりせずに、直接ヘッドフォンに返してあげるようにしよう。なお、遅延補正に関しては、ミキシングでは状況が全く違ってくるので、話は別だ。

■録り音に影響を与える"モニター・レベル"

　ボーカル録りをはじめ、ダビングしていく過程では、モニター・レベルの"絶対的な音量"も非常に重要だ。大き過ぎると、ボーカルのピッチは悪くなる。ギターのチョーキングなどでも同じことが言える。いずれもボーカリストやプレイヤー本人が陶酔しているだけで、客観的に聞くと単にピッチが悪いだけという事態に陥ってしまう。"耳への適正レベル"を考えよう。

　またダイナミック・レンジの広い楽器を録る際、モニター・ヘッドフォンにどのくらいコンプをかけた音を返すかも重要。ボーカルをはじめ、ピアノやギター、パーカッションなどは、モニターのダイナミクス処理によって演奏の仕方がガラリと変わるものだ。とりわけ、歌録りの際はある程度コンプやEQを施した方が歌いやすくなるのだが、そのさじ加減が大切。私は以前から、レコーディングではエフェクトのかけ録りを行わず、ミックスの段階で処理すべきだと提言してきたが、モニターに関してはエフェクトをかけるべきだと思う。もちろん、程度は考えなければならないが…。

　"適度"これが難しい。それは、ソースによって異なるので、ここでパラメーターを書いたり、プラグイン・ウインドウの写真を載せてもほとんど意味がない。音には、ルールはない。音楽に、答えはない。**要は、自分で聞いて気持ち良いとか、歌いやすい音を見つけなければならない。逆にそれさえ理解できたなら、誰が相手でも、どんな場所でも、どんな機材でも、喜んでもらえるモニターが作れる。**結果的に良いボーカル録音が可能となる。

2-3

> **Tips 〜音の魔術師が明かす㊙テクニック**

エンジニア自身が歌ってみることが肝心

　私がボーカル録り前に必ず行うことがある。それは事前に自ら歌ってみること。それもフル・コーラスだ。それを怠りボーカル録りに臨むなんて、試食もせずにお客様に料理を出すようなもの。試食といっても一口食べてみる程度ではダメだ。それでは味を確認したにすぎない。**一皿丸々食べてみるとか、コース料理ならフルで食べてみてこそ、量や順番までチェックできる。**歌録りだって同じ。ちょっと声を出してみる程度では、ボーカリストが喜ぶモニターなんてできるわけがない。冒頭部分でチェックしただけでは気付けないことは沢山ある。サビになったらオケがうるさくて歌えないかもしれないし、ブレイクしたところで次に出るタイミングが掴みにくいかもしれない。"落ちサビ"で、クリックが大き過ぎて歌いにくいかもしれない。でも、通して実際に歌ってみれば、そんなことすぐに気付けるはず。

　それから、録音が終了しボーカリストが帰った後で、もう一度ヘッドフォンを被って自ら歌ってみることも大切。その際、キュー・ボックスのツマミの位置を確認し、自分が事前に用意したものがどう変更されているかを確認しよう。個人的な好みの範囲内であればいいが、あまりにも大きな設定変更がなされていたなら、もしかしたらモニターの音処理やバックトラックのミックスに問題があった可能性もあるだろう。**その原因を追求し解決策を見出す。そして再現できるように記録しておくのだ。**その積み重ねが、ボーカリストの歌いやすいモニター・ミックスを作る秘訣だ。

　実際に歌いながら、自分の声が最も聞きやすく歌いやすい音でヘッドフォンに返し、歌うのに必要なバック・トラックを、欲しいものから順番に足していく。そうすれば、とても歌いやすいカラオケが容易に作れる。

　とはいえ、実際のスタジオでは、ブースとコントロール・ルームが分かれているなど、歌いながらミキシングができないケースも多いはず。そんな時でも、何度も行き来して調整を繰り返すくらいのことはやるべきだ。

　Kim Studioでは、Wi-Fi経由で、ProToolsをiPadでコントロールできるようにしているため、ボーカリストが歌う場所でモニター・ミックスを作ることができるようにしている。スタジオのレイアウトによっては、ディスプレイの向きを変えてキーボード＆マウスを伸ばしたり、USBを引っ張ってHUI対応のフィジカル・コントローラーで行うことなどもできるだろう。

　それから、先に述べたようにグループごとにあらかじめ適切なバスを作っておけば、音量バランスはキュー・ボックスで対応可能となる**【→2-3参照】**。キュー・ボックスに関しては、大型スタジオ用のものだと思っている人も多いだろうが、真剣にボーカル録りをしたいなら、ぜひ用意したいアイテムだ。比較的小型なミキサーを、サブ卓としてキュー・ボックスとするのも価値があると思う。

　ところで、**エンジニアやプロデューサーは、ボーカリストの立場で誰か他の人にディレクションされた状態で録音される経験をするべき**だ。ヘッドフォン・モニターの作り方だけでなくディレクションの仕方など、様々なことに課題を見出すことだろう。

例えば、歌い終わっても何のリアクションもなく無音状態が長いと、不安になるはずだ。また、顔が見えない状況の場合は、声のトーンから、いろんなことを想像してしまうことだろう。同じことをボーカリストは、1人ブースの中で感じていることを忘れないで、常に心配りをしてあげたい。

> **Tips ～音の魔術師が明かす㊙テクニック**
>
> ### ヘッドフォン・パンニングの裏技
>
> ヘッドフォンに返すときのパンニングに関して裏技を書こう。演奏家が普段聞いている位置にパンニングしてあげるのが最適だ。楽器の構え方と発音源を考慮すれば直ぐに理解できるだろう。例えばアコースティック・ギターは右手でピッキングするので、やや右。バイオリンは左頬に当てて構えるので、左寄り。といった感じだ。ただし、片方に振り切ることは避けた方が良いだろう。立体感や遠近感が感じられなくなる上、両耳で聞く時と同じ音圧を片耳で感じるようにするには、相当音量を上げることになり、耳を酷使してしまうため、決して身体に優しくないからだ。
>
> また、もしダブリングやハーモニーを付ける場合には、既に録り終わったパートを、今録っている音とは逆の位置にパンニングしてあげると、分離度が上がりピッチやタイミングが取りやすくなる。ギターであれば、以前録ったトラックのパンを左に寄せ、今弾いているトラックをやや右にしてあげることになる。
>
> この応用として、PianoやDrumsのパンニングなどは、**演奏家の気持ちになり演奏家目線のパンニングを心がけて欲しい**。Pianoでは、左側が低音で右が高音。Drumsでは左にHi Hats、右にLow Tomという配置だ。ドラマーがヘッドフォンを逆に装着しているシーンをたまに見かける。あまりにも演奏家に対する思いやりがないことを感じるだけでなく、逆に被るとイヤーパッドの形状の問題でヘッドフォン漏れが大きくなるので、静かなシーンでクリック漏れするなど、実害が生じることになりかねない。

2-3

Column 🔍

イヤモニの勧め

　バンドのメンバーが、ブースでスプリットされることなく同じフロアーで同録する場合、マイクのカブリが問題になる。マイク・アレンジ**（＊6）**によって、理想的なサウンドを求めることになるわけだが、そこは奥深い世界であり、音楽性やレコーディング場所など状況によっても異なるので、簡単にアドバイスすることは難しい。しかしその一方で、シンプルに演奏とサウンドのクオリティーを上げる方法がある。それはイヤモニによるモニタリングだ。ダイレクト音の遮音度が高いことが魅力だ。音漏れも明らかに少ない。結果的に、小さめのモニター音量で十分になるため、音楽的なダイナミクスを十分に活かした、演奏や歌唱が実現する。

　レコーディングの話からは逸れるが、ライブではさらにイヤモニがお薦めだ。できればワイヤレス・イヤモニが便利だ**（＊7）**。バンド活動の経験がある人ほど、コロガシなどのスピーカーでモニターした方が歌いやすいという人が多いようだが、子供の頃からスマホで育った世代にとって、ヘッドフォンやイヤフォンで音楽を聞くことには、全く違和感がない。もし、聞きにくいとか歌いにくいと感じたならば、それはボーカルの返しや、モニター・ミックスに問題があるからだ。**的確なモニターが作れたなら、絶対的にイヤモニの方がベター**だ。

　イヤモニによって得られる効果は、計り知れない。ステージ上にモニターからの音が溢れないことで、マイクへのカブリがなくなる。カブリは、フィードバックやハウリングにもつながる、精神衛生上も決して良くない音だ。また小さなライブハウスでは、ステージに近い席にモニターからの音が届いてしまうが、イヤモニならそれを回避し、本来のPAスピーカーからの音だけを聞かせることができる。

　また、イヤモニのもう1つの魅力は、アーティストだけに聞かせる音をミックスして送ることが可能な点だ。例えば、クリックであったり、演出上の指示であったり、お客様やプロデューサーに聞かせる必要のない音を、イヤモニならモニターに混ぜて安心して届けることができるのだ【→1-6参照】。

　密閉されたイヤフォンに遮られて、お客様の反応や歓声が聞こえないことを気にする人もいるようだが、曲間やコール＆レスポンスなど必要な場面で、アンビエンス・マイクをイヤモニ送りに混ぜてあげることで解消される。

　ただ、スマホのイヤフォンも含めて、イヤモニは難聴になる危険性があることを十分に認識して、大音量で長時間にわたり聞かないように注意したい**（＊8）**。

＊6　マイク・アレンジとは、音源に対して、どのマイクを何本使い、どんな角度からどのくらいの距離で狙うのか、オンマイクとオフマイクを組み合わせる……といった、マイクのセッティング方法のこと。マイキングとも言う。実際には、レコーディングするスペースのルーム・アコースティックや楽器のセッティング位置、マイク・スタンドやマイク・ケーブル、さらには組み合わせるHAなども複雑に絡むので、知識と経験がものを言う、非常に奥が深い技だ。

＊7　ワイヤレス・イヤモニは、業務用で高価という印象があるだろうが、SHURE／PSM300のように、無線免許局の免許や申請が不要なB帯を使用しながら、ステレオで送信可能な製品もあるのでトライしてみてほしい。

＊8　朝日新聞（2019年2月14日）に以下の記事が掲載されていた。"**若者の2人に1人に難聴のリスク──**。スマートフォンやMP3プレーヤーで大音量で音楽を聴く若者の増加を懸念し、世界保健機関（WHO）と国際電気通信連合（ITU）は12日、音楽再生機器の使用に関する国際基準を公表した。"

2-4

テイクの録り進め方

　歌にはストーリーがあり、ライブにはドラマがある。次第に盛り上がったり、急に静かなパートが来たりと、全体の流れを考慮して飽きさせないための工夫も必要だ。しかし、レコーディングでは、ボーカルを必ずしも最初から最後まで通して録音しなければならないわけではない。それを芝居に例えるなら、舞台と映画のようであり、通して行われたパフォーマンスを楽しむのか、編集によって創り上げるアートなのかの違いだ。ライブが舞台なら、レコーディングは映画と同じで、出来上がった時の完成度で勝負することになる。

■通して録るか、部分録りか

　楽曲には、バース（Aメロ）、ブリッジ（Bメロ）、コーラス（サビ）といったセクションがある。その**シーンごとに分けて録り、後からそれをつなぐ方法もある**。むしろその方がベターなケースも多いので、その手法をご紹介しよう。1曲を通して歌えないからバラバラに録るとは限らない。少しずつ分けて録ることで、より完成度の高いボーカル・トラックを作るわけだ。

　精神性の高い人の中には、「通して歌ったテイクの方が、気持ちがこもっている」とか「つないだテイクは、そこで気持ちが途切れている」という人もいるようだが、もしリスナーが「この部分は気持ちがこもっていないように聞こえる」などと感じるようであれば、それは歌唱が安定していなかったり、レコーディングやエディットの技法に問題があるだけのこと。つないだことを知っている人だけが感じる、"気持ちの問題"だ。とはいえ、**ボーカリストの満足度は、非常に大きな要素なので、はじめから部分録りするようなことはせず、通して歌わせてあげたい**。また、部分録りで、必要な素材がキープできた後も、最後に通して歌ってもらうことで、達成感や満足感を感じてもらうことも大事だろう。気持ち良く歌ってもらったことで魅力的なテイクが録れたなら、それまでの部分録りパーツは使わず、全体を通してそれを採用したり、あるいは部分的にそれも使えば良いだろう。そのテイクが録れたのは、部分録りで培った、各セクションごとの音使いの研究であったり、それに対応した歌い方などの、練習成果が反映されたからこそできたわけだ。

部分録りしたテイクは全く使わず、最終テイクしか使わなかったとしても、それはそれで意味があったと言える。

　では、事前にそうした練習をしておけば良かったのに……と思うかもしれないが、いざレコーディングするとなり、追い込まれて真剣になったからこそなし得た成果なのだ。

　部分録りや編集によって仕上げる方法は、ボーカルのような単一なトラックだけに限らない。クラシックやジャズなどを、いわゆる「一発録り」でレコーディングしたものも、実は複数のテイクから美味しいトコ取りでつながれている……なんてことも決して珍しくない。現に完璧主義で知られる著名な指揮者が、シンフォニーを何十箇所も編集していたことは、意外と知られていない事実だ。しかし、その編集箇所を言い当てられる人がいるだろうか？　**編集行為に罪悪感を感じたりするよりも、完成度の高い理想に近いテイクやミックスを手に入れることの方が遙かに重要**なのだ。それがレコーディングという手法によって音楽を創り上げる醍醐味だ。

　ライブとは区別して考えよう。そもそもライブではやり直しは許されないし、間違えることなく歌うことは基本中の基本。子供の頃から音楽の訓練を受けている人は、ステージで間違えることに大きな抵抗感があったはず。それが理由で、レコーディングでも通して演奏することに情熱を傾けがちだが、**ライブとレコーディングは別のアート**であることを認識してほしい。先にも書いたように、役者に例えるなら、舞台と映画のようなもの。前者は通して演ずるものであり、後者は何カットも撮影して編集によって仕上げる作品なのだ。録音したものはずっと残るため、わずかワンカットのために、こだわってテイクを重ねる中に美学があり、それが感動をもたらすのだ。

■録り進める順番

　それでは、どのように録り進めていけばいいだろうか？　実際のテイクの録り進め方を見ていこう。基本的には、バース／ブリッジ／コーラスごとに録音していくことで、同じようなテンション感で歌えたり、同じような発声方法で歌えるというメリットがある。

　具体的には、まずバースばかり録っていき、次はブリッジ、やがて声が気持ちよく出るようになってきたらコーラス・パートを録る……というような手順だ **(図1)**。コーラス部分から録るようなことはせず、バースから順に録音していくのがキモ。コーラスはピッ

2-4

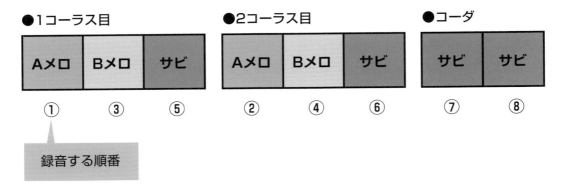

図1：テイクを録り進める順番について。セクションごとに何テイクか録ってから次のセクションに進む。テイクはAメロ、Bメロ、サビといったセクション単位で録音していくと良い。まずは、細やかなニュアンスが求められることの多いAメロを1コーラス目→2コーラス目……という順番で何テイクずつか録音。ピッチが最も高くなるサビは、最後に録ろう。

チが一番高くなったり、声量が最も大きいことが多いため、ノドがその状態に慣れると、逆に音程が低めで繊細な部分のニュアンスを表現しづらくなるからだ。収録を繰り返すうちに高い音は出やすくなるが、逆に低い音は出しにくくなる傾向があるので、最低音が声域ギリギリなら、あまり発声練習せずに歌う方が、スムースに出ることもあるので覚えておくと良いだろう。

　この方法なら、特に声量があるボーカリストの場合、シーンごとにゲインを変えることで、より適切なレベル設定で録音が可能となる点もメリット。全体を通して録っていると、初めは適当だったレベル設定でも、最後の盛り上がりでオーバーした経験があることだろう。それから、何度かテイクを重ねているうちに、段々と声が出るようになり、予測を越えて音量が上がってしまい、「ベスト・テイクが、良いところでレベル・オーバーしてしまった」などという失敗も、部分録りしていれば、未然に防げることが多いだろう。

　途中でHAのゲインを変えた場合は、それを記録しておき、ミックスする際にその分を逆方向に補正すれば一定のゲインで録音したものと同等に扱える。途中から6dB下げたなら、それ以前のテイクは、ミックス時に6dB補正すれば、つないでも音量に変化なく自然につなぐことができる。DAWでは、その補正をフェーダー・オートメーションで行うのではなく、トラックを分けてミックスするか、リージョンごとのゲイン設定（Pro Toolsでは、Clip Gain）として再現すると作業がすこぶる楽になる。それによって、異

なるゲイン設定で録音したテイクが入り乱れた編集となっても全く心配なくなる。フェーダー・オートメーションは、楽曲としてのアーティキュレーションを表現するために残しておこう。

■美味しいテイクを導き出すコツ

　リスナーにとって、**初めて聞くフレーズの印象は強い**。そこから感じ取るメッセージは大きく、その第一印象ですべてが決まる。だから**歌い出しは極めて重要**なので、ボーカル録りの過程で、ボーカリストが楽曲のイメージを完璧に捉えた段階で、あえて歌い出し部分に戻ってもう一度録り直すことも、ヒット曲を創り出す極意だ。具体的には、先述のようにまず1番のバースを録り、次に2番のバース…という感じに録っていくわけだが、次第に慣れてきて、後になるほど上手になることが多い。そこで、ひと通りバースが録れた段階で、最後にもう一度1番に戻って録音しておくわけだ。何度も歌ったことで"音の運び方"が板につき、上手に歌えるようになったテイクを選ぶも良し、あるいは、歌い出したばかりの新鮮なテイクを使うも良し……後でじっくり選べば良いだろう。ただ、時間を空けて後から録るより、慣れてきたところで録っておくことをお勧めする。声質が変わってしまったり、グルーヴ感が変わってしまう可能性もあるからだ。

　その一方で、ボーカル録音されたテイクをラフにつないで、持ち帰ってもらい、じっくり聞いてもらって、別日に改めて録ることで見違えるほど違ってくる研究熱心なアーティストもいたりする。そうした場合は、改めてすべて録り直すほうが良い結果を得られることが多い。

　歌い始めは非常に重要なパートだ。そこを聞いただけで、先を聞きたいと思わせられるかどうかが決まる。そのため1番の歌い出しは、初めてその曲を聞く人が基本的なメロディー・ラインをつかみやすいよう、また歌詞がスゥ～と入ってくるように、あまり崩さずに丁寧に歌い、ピッチとリズムはある程度正確な方がベターな場合が多い。2番以降では、ボーカリストの表現力を存分に活かす形で、少々ピッチやタイミングが揺れていても表情優先で良いだろう。リスナーはすでにメロディーを聞いているので、無意識のうちに頭の中で補正して聞いてくれているからだ。

　また、曲が進行するのに従ってカラオケが次第に変化していることも多く、それを比

較して理解できるため、歌詞やアレンジの意味やその違いを十分に把握しながら作業を進められることも、部分録りのメリットとなる。同じバースでも、1番と2番では、ニュアンスに変化のある方が面白いわけだ。例えば、1番ではピアノだけだったバックが、途中からはベースが入ってきて、2番では頭からリズム隊が入っているケースがあったなら、冒頭でピアノだけをバックにタイトに歌ってもサマにならないし、ドラムが入っている時はルーズな歌い方では収まりが悪いこともあるだろう。逆にタイトなリズムをバックに、リズムをフェイクして崩すことでカッコいいボーカルとなることも多いから、歌唱方法は一概に決められないが、オケとマッチするような歌を目指したい。オケの変化や楽曲の流れを把握して、狙って歌えるようになったり、編集したりすることで、ドラマチックで感動するボーカルを生み出すことができる。

■複数トラックに録音

実際の録音の手順だが、ボーカル・トラックを複数（8ch程度）用意して、次々に隣のトラックへ録っていこう。適切に録音＆モニターできるトラックができたら、そこから必要な本数分だけを複製することで、次々と別のトラックに録音したり再生しても、全く違和感なくトラック切り替えができるはずだ。

1つのトラックの上にパンチ・インしていくと、古いトラックの中から良いテイクを探し出すのが難しくなるのでお勧めしない。

DAWによっては、1つのトラックの中に幾つもの仮想トラック（Pro Toolsでは、Playlist）を作成し、切り替えて録音したり再生する方法もあるので、その機能を活かす場合は、録ったテイクが一覧できるように並べて表示させておく。単に裏に録りためていくと、同じセクションのテイクが幾つあるのかを把握しにくくなるからだ。いずれの場合でも、トラックをズラリと並べて、それらへ順番に録音していった方が、作業が煩雑にならず視認性も良いわけだ。またレベルやタイミングの変化を見比べやすく、間違っている箇所をすぐに発見することが容易になる（**図2**）。

各トラックごとにEQ等のプラグインをインサートしていると負担も大きくなるし、作業性という意味でも、プラグインの設定を変えたら他も直す必要があって面倒なので、ボーカル用のバスを組み、そこにコンプやEQをインサートしたり、そのバス・フェー

2章　レコーディングの手順

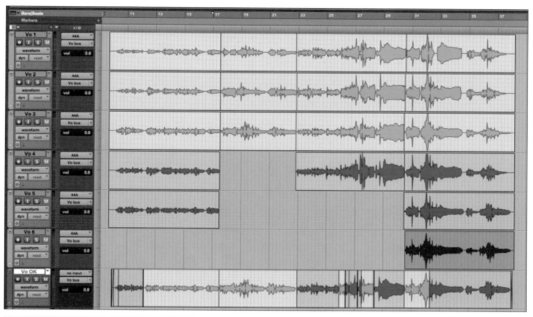

図2：テイクを録りためる際に便利な方法。テイクは、複数のオーディオ・トラックをズラリと用意して、上から順に録っていくとよい。ここに掲載するのはAVID／Pro Toolsの画面。上はテイクを選び、つなげるためのエディット・ウィンドウ。"Vo 1"～"Vo 6"の中からベスト・テイクを選び、最も下のトラック"Vo OK"で編集している。下はミックス・ウィンドウで、Vo 1～Vo 6までのオーディオ・トラックをバスにまとめ、コンプ／EQをかけてからリバーブにセンドしている。

117

ダーでカラオケとのバランスを取るようにすると、トラックが複数あっても作業は1回で済む。それどころか、前述のように、シーンごとに録りレベルやモニターレベルを変えたい時や、その補正をする際も、トラックごとにフェーダー・レベルを補正できて非常に便利だ。ただし、システムのパワーが非力な場合は、AUXバスを組むだけでも負荷が上がってしまうので、そうしたケースではお勧めできない。

そういった意味でも、プレイリストを活用して（裏トラックに）録っていく方法は、非常に便利だ。プラグインなどのマシンへの負荷はワン・トラック分だけで済み、かつ複数のトラックとして一覧できるからだ。

実際には、リバーブなどのエフェクトを加えることで、さらに歌いやすくするわけだが、こうして作った**ボーカル録りのトラック配列をテンプレートとして保存しておくと、次の作業がスムースになる。セッションごとに呼び出して、そこに録音していったり、トラック単位でインポートしたりすることで、作業が著しくスムースになる。そうしたデータこそがノウハウであり、財産になる**のだ。

もう少し実践的に手順をご紹介しよう。まず、必要と思われるトラック（一般的には4〜8トラックくらいだろう）を事前に作り、それらにトラック・ネームを設定する（Vo 1、Vo 2、……Vo 8など。もしも10トラック以上必要と思われる場合は、Vo 01、Vo 02、……Vo 10、Vo 11というように一桁の数字頭には0をつけておくと、後でファイルをソートした場合に扱いやすくなる）。

それらのトラックのインプットは同じにして、そこにマイク・ラインをインプットする。ここで言うマイク・ラインとは、マイク→HA→（場合によってはコンプ、EQ、リミッターなど）で、適切なゲインと基本的な音作りがなされたものを意味している。作ったトラックのアウトプットは、すべて同じバスに設定し、そのバスのバス・マスターとなるAUXトラックを作成し、必要があればそこで音処理をしたり、リバーブ・センドを設ける。録音用の個々のトラックには、EQやコンプをインサートせず、リバーブ・センドも行わない。なぜなら、トラックを切り替えてもサウンドが一切変化しないようにするためであり、同じEQやリバーブ・センドを各トラックに設けていたのでは、無駄が多すぎるからだ。

用意されたトラックをワン・トラックずつ開き、順にボーカルのテイクを録音していく。無論、冒頭から録音するばかりではないだろう。途中から録音するケースも考えられるが、いずれの場合もリージョンの設定をグリッド・モードにしておき、録音範囲を指定するか、せめて録音開始場所だけでも指定してから録音を行いたい。グリッドは、小節や拍が望

ましい。もしフリー・テンポの楽曲なら秒に設定しよう。細かくし過ぎないことが肝心だ。なぜなら、リージョンのロケート・ポイントの再現性を良くするためだ。拍や秒ならリージョンを移動させたりペーストしたりした際にずれたとしても、直ぐに気付くだろう。1つのトラック内で重ねて録る方法も考えられるが、リージョンが視覚的に一望できる点で、複数のオーディオ・トラックを作ることをお勧めする。また、録音用のトラックを1つ設けて、そこに録られたリージョンを、保管用に用意された複数の別トラックに移動させながら録音する方法もあるが、その方法だと、作成されるリージョンの名前がすべて同じトラック・ネームのバリエーションになってしまうため、ボーカリストとのコミュニケーションにおいて、テイク・ナンバーで共通認識を持てなくなるのでお勧めできない。

　Pro Toolsでは、プレイリストを使って複数トラックを作ることもできるので、その場合は、バスを作る必要はないだろう。録るだけなら、非常に便利な方法だが、以下に述べるようなことを行うには不向きなので、適宜選択したい。

　ワンテイク目を「Vo 1」に録音したら、次はそのトラックをミュートして、「Vo 2」に録音する。そして次は「Vo 3」へという具合に繰り返すのだが、各トラックの録音終了時点やプレイバックした際に、不適切だった部分や、気に入った部分を選び、範囲指定してリージョンを切り（Pro Toolsでは、Command＋E）、必要な部分以外のリージョンをミュート（Pro Toolsでは、Command＋M）しながら、作業を進める。後でじっくり選んでも全く問題はないが、プレイバックを聞きながらアーティストとのコミュニケーションの中で、OKテイクの仮記録として残しておくわけだ。また、ミュートしたリージョンはグレー・アウトされるので、OKテイクの録れていないパートが一目でわかる利点も大きい。また、部分録りをする際に、必要に応じて直前のフレーズを聞きながら歌う場合にも、OKテイクを聞きながら作業が出来るので、スムースなばかりかアーティストの気持ちを乗せることが出来る。気が付くとOKテイク以外がリージョン・ミュートされた状態のトラックが並び、それらすべてのトラック・ミュートを外すとOKテイクを通して聞ける状態になっているだろう。必要があれば、それらをつなぎ合わせて、新たなワン・トラックにまとめるのが良いだろう。そうした場合も、リージョンにはトラック・ネームが反映されたリージョン・ネームが記録されているので、どこに、何テイク目を使ったかが一目瞭然となり、変更が生じた場合にもコミュニケーションがスムースだ。

2-4

■プレイバックを聴くことが上達のコツ

　録音の途中過程で、要所要所のよきタイミングで、ボーカリスト本人に、ヘッドフォンではなくモニター・スピーカーでプレイバックを客観的に聞いてもらう機会を作ろう。レコーディングが始まると、「もう一回」、「もう一回」と納得いくまで何度も歌いがちだが、ちょっと落ち着いて、ボーカリスト自身が客観的に自分の歌を聴くことをお勧めする。それによって、他人からディレクションされて歌い方を変えるのではなく、本人が自ら気付いてくれれば、最もスムースに狙った通りの効果となるからだ。誰だってミスを他人から指摘されたら気持ちよくないはず。人からいろいろリクエストされて録るよりも、自ら気付いて修正する方が、良いテイクが録れることも多い。

　モニター・スピーカーで客観的に聴くことは、ボーカリストが自分の欠点に気付く機会にもなる。自分で問題箇所に気付いて、それを直そうとして工夫することで、悪い癖が直ったり、実力がアップするのでオススメだ。

Column

プロデュースの基本は Please Listen

　私のプロデュース・スタイルは"Please Listen"を信条としている。自分自身で聴いてもらい、気付いてもらうわけだ。本人が客観的に自らを評価して自己分析することが上達の近道。それは、ボーカルに限らないだろう。スポーツであろうが英会話であろうが、とても重要なこと。音楽の場合、客観的に自分を見つめるためには、まず録音（レコーディング）することから始まる。**できるだけ情報量が多い形で、高いクオリティーで録音したソースを、できるだけ良いモニター環境で聴く**こと。聴くことは、音楽を志す人全てに、とても大切なことだ。

　普段からそうした環境やチャンスが少ない人は、せめてレコーディングするチャンスにこそ真剣に聴いてほしい。プロとアマチュアの差がつく最大の理由は、業務用スタジオのモニター・スピーカーで、自分自身の歌や演奏を、まざまざと感じる機会があるか否かであり、その積み重ねがとても大きな差になっているのだ。

　プロの中にも、自分のレコーディングを聴きたくないとか、ライブを見たくないという人もいる。桑田さんが「クソと一緒で、出すときは気持ちいいけど、出したものは見たくない」という趣旨のことをおっしゃっていたが、名言だろう。その気持ちもよくわかる。しかし、彼ほどの域に達したから許される発言だろうし、実は、1人でコッソリと見て研究しているかもしれない。

2-5

スムースなボーカル録音

　スムースなオペレートは、気持ちよくボーカル録音を進めるためには重要なこと。自分で何らかの操作を思い立ったり、人からリクエストされたとき、それを実現するまでの待ち時間や処理時間がいかに短くて済むか…。また、そのために使うエネルギーや頭脳の負担をいかに減らすか…。「気がついたら、録れていた」「いつの間にか終わっていた」　結果として「とても良いトラックが録れていた」…というのが理想だ。そのためのアドバイスをお伝えしよう。

■事前準備はトラック・インポートで

　まず、ボーカル録音に際して、ボーカリストがスタジオに入る前に行っておくべきことがある。**必要なトラックを並べたセッションを作り、回線チェックしておく**ことだ。

　そのためには、**テンプレートと、トラック・インポートの利用**をお勧めする。それなくして仕事はできないという位、大切なことだ。何らかのレコーディングをすると、その作業を進行するに伴って、それに適したセッティングができるはずだ。必ずしも最終ミックスのセッション・データではなく、途中過程が大事なのだ。ボーカルを録っている時のセッティングをセッションとして複製して残しておこう。作業が一段落したらそれを開き、後で自分が見た際にわかりやすいようにトラック・ネームなどを付け替えるなどして、保存しておこう。テンプレートとして保存するのもいいだろう。セッションとして残すのであれば、クリックやAトーン(*1)以外のオーディオは、すべて外してからトラックのセッションとして残せばいいだろう。

　別の機会に、似たようなレコーディングをする際には、そこから構築したり、あるいは、必要なトラックだけをインポートすることで、大幅な時短になるとともに、過去の経験が活かされ、スキルアップしていく近道となる。

　ただ、他のセッションからトラックなどの情報をインポートした際は、オーディオ・

---

*1　Aトーンとは、A（ラ）の音を、何Hzにするか（コンサート・ピッチとも言う）……という、チューニングの基準になる音を録音したもの。

データの記録されるフォルダーが意図しないところになっている可能性があるので、注意してほしい。さもないと、せっかく録音したオーディオ・データを見失いかねない。

■メモリー・ロケーション

メモリー・ロケーションは、その名称の通り、本来はロケーション（位置）を覚えさせるためのものだ。マウスで場所を示したり、小節数やタイム・コードで場所を指定しなくても、「Ending」などと名前をつけた"マーカー"を作っておけば、所定の場所に瞬時に移動させることができる。したがって、曲のリハーサル・マークごとにマーカーを入れておけば、素早いロケートが可能だ。マーカーの名前も、楽譜のリハーサル・マークに従って入力したり、ブロックごとに歌詞の冒頭部分で表現したりと全く自由。ともかく小節数やタイムコードでオペレートするより、何倍も早いオペレーションが可能だし、ストレスや疲れも大幅に減る。なにしろ、どこを聞きたいかを楽譜を見て、そこに書き込まれた小節数やタイムコードを見て、それをマシンに入力するという面倒な手続きなしに、ダイレクトに呼び出せるのだから。

> **Tips 〜音の魔術師が明かす㊙テクニック**
>
> ### メモリー・ロケーション活用術〜ソング・ポジション編
>
> メモリー・ロケーションにひと工夫しておくと、さらに作業がスムースかつスピーディーになるので紹介しよう。普通にロケーションを作っていくと、そのナンバーは「1」「2」……と順番になる。しかしこれでは、いちいち表を見なければ、何番がどこなのか分からない。そこで歌の1番は、ロケーション・ナンバー11からスタートして、2番は21からとするなど、1桁めは歌の何番であるかを示し、2桁めはそれぞれのセクションを示すようにして、できるだけ統一しておくのだ。以下に実例を挙げてみよう。
>
> 10　Introduction（イントロ）
> 11　1st Verse　（Aメロ）
> 12　1st Bridge（Bメロ）
> 13　1st Chorus（サビ）
>
> 20　Interlude（間奏＝2番の前奏と考える。）
> 21　2nd Verse
> 22　2nd Bridge
> 23　2nd Chorus
>
> 30　Ad lib（間奏／ソロ）
> 31　1st Chorus Repeat
> 32　2nd Chorus Repeat
>
> 40　Ending（アウトロ）

このように規則性を設けることで、楽曲が変わっても、常に番号は変わらずオペレーションができるので、一覧表（メモリー・ロケーション・ウインドウ）を参照する必要がなくなり、テン・キーだけで素早いオペレーションが可能となる（Pro Toolsでは、「Preferences」を開き、「Operation」の「Numeric Keypad」で「Classic」を選択しておく必要がある）。

「ロケーション・ナンバー」「.（ピリオド）」とキー操作することで、目的の場所に素早く移動することができる。

例えば2番のサビなら「2」「3」「.」という感じで、覚えていられるから早いわけだ。

> **Tips ～音の魔術師が明かす㊙テクニック**

メモリー・ロケーション活用術～シーン・メモリー編

また、Pro Toolsのメモリー・ロケーションでは、いわゆるロケーターとして「Maker」で指定した場所に移動するだけではなく、表示させるトラックやその表示幅など、様々な項目を一緒にメモリーさせることが出来る。その機能を応用すると、自分が表示させたいトラックを瞬時に表示させる機能としても使用可能になる。

具体的に説明しよう。好みのトラックが好きな幅で表示された状態になったところで、ただ「Enter」キーだけを叩くと、ポップアップ・ウインドウが開く。上半分が時間軸に関する設定で、下半分がその他に関する設定だ。単にロケーターとして使用する場合は、「Maker」を選択し、再生または録音範囲を設定する場合は、「Selection」を選択する。これらは、「Reference」として、小節やタイムコードでも表示され変更も可能だ。また、参考例のように、上では「None」を選び、下では、「Track Show/Hide」「Track Heights」だけを選ぶと、時間軸に関してはメモリーされずに、表示に関することだけを記憶させたことになる。その場合、トラック幅に関しては、オーディオ・トラックは広めで、オートメーションが入っていないリバーブのリターントラックなどは細めにして記録すれば、エディット・ウインドウがスッキリするだろう。ZoomやGroupなどの項目は必要に応じて選択しても良いが、チェックを入れておかなければ、それまでの状態を保つので指定しない方が無難だろう。表示トラックを変えただけのつもりなのに、表示場所までが変わるようなことにならないためだ。

呼び出しは、リスト上の名前をクリックするか、前述のように「(数字)」+「.（ピリオド）」で呼び出せる。ここで指定する数字も、楽曲が違っても共通で使えるようにしておくといいだろう。

以下に、実例を示す。

1：All Tracks
　　（使用しているすべてのトラックを表示）
2：Audio Tracks
　　（使用しているオーディオ・トラック）
3：Master Tracks
　　（各バス・マスターやマスター）

その後は、リズムセクションがある場合は、

　　4：Bass
　　5：Drums
　　6：Percussion
　　7：Keyboard
　　8：Guitar
　　9：Vocal

オーケストラ編成の場合は、（できるだけ共通の楽器は同じ番号にするために、少々不自然だが）

　　4：Brass
　　5：Wood Wind
　　6：Percussion
　　7：Keyboard
　　8：Strings
　　9：Choir

という具合に決めておけば、メモリー・ロケーション・ウインドウを開かずとも、必要なトラックが目の前に現れる。「5」＋「.」でドラムスが、「9」＋「.」でボーカルが……という具合に、わずか2つのキーを押すだけで瞬時に必要なトラックがディスプレイ上に現れ、同時にフィジカル・インターフェイス上のフェーダーが一瞬にして並んでくれる。個々のパートの音作りができたら、「3」＋「.」で全体のバランスを取る……なんと快適なんだろう!?

「Zoom Settings」も外しておけば、走らせながら切り替えても、トラックの表示だけが切り替わり非常に便利だ。再生しながら、音を止めることなく簡単に必要なトラックを呼び出せることは、大幅なスピードアップにつながる。スクロールしてトラックを探したりする時間が全く不要なばかりか、作業に必要なトラックだけが瞬時に目の前に並ぶのは快感だ。また、フェーダーが沢山並んでいた方が視認性がよかったり、手を伸ばせばすぐに操作できて良いと思っているベテラン・エンジニアも多いが、大型コンソールの前で自分自身が目的のフェーダーまで左右に移動することと比べても、メモリー・ロケーションを活用する方が遥かにスピーディーなオペレーションが可能だ。その様は、見ていても美しく身体の疲れもない。さらに、いつもスピーカーのセンターで作業できるため、リスニングポジションが常にベストポイントである点も、安定したレコーディングやミックスを行うには絶対に見逃せないメリットとなる。

逆にロケート・ポイントを指定する場合は、「Track Show/Hide」「Track Heights」などは選択せずに、「Maker」のみを選んでおけば、トラックなどの表示は変わらず、時間軸だけが移動してくれる。私はメモリー・ロケーションの10番台をそれに当てている。

ともかく、この快適とスピードはアナログコンソールでは絶対に不可能な芸当なのだ。Pro Toolsのユーザーでも、このメモリー・ロケーション・ウインドウを、単なる時間軸のロケーションにしか使っていない人は多いが、「Track Show/Hide」や「Track Heights」を活用することで、よりスムースでスピーディーなオペレーションが可能となる。

DAWは、事前に、空トラックやエフェクト用のインサートを組んでおいたり、その「Track Show/Hide」を的確にメモリーしておくことで、セッティングの待ち時間や、オペレーションのスムースさが、全く違ってくる。作業が遅いすべての人は、この機能を全く使っていない。セッション（トラック・レイアウトやプラグイン）の事前準備が出来ていて、メモリー・ロケーションが適切に使用されたなら、Pro Toolsによるボーカル録音やミックスで、**ボーカリストやアーティストを待たせることは、飛躍的に減る**だろう。

2-5

■小節管理は最低条件

　メモリー・ロケーションを使用せず、小節ナンバーでロケートすることもできるわけだが、それは最低条件だろう。波形の形を見てそこにカーソルを持っていき、プレイや録音を始める人がいるが、音楽的に意味のある区切りにはなりづらい。小節頭から入った方が、瞬時にリズムに乗れるので、プリロールも短くて良くなる。

　小節数で指定する場合は、「＝」「小節数」「Enter」で、ロケートが可能だ。カーソル・キーを、ポイントデバイスで小節数を入力する場所に移動させるよりも、「＝」を押すことで一瞬で移動するので、覚えておくといいだろう。

　マウスでカーソルと移動させる場合と、「＝」を打つ場合の時間的な違いは、数秒程度だろう。しかし、こうした**些細なことの積み重ねによって、待ち時間が短縮され、ストレスも軽減され、結果的に気持ちよく音楽制作やボーカル録音に臨むことができる**のだ。

　前述のメモリー・ロケーションにしても、最初に設定して組み立てる時は、ちょっと時間がかかることだろう。でもそれを面倒だとして、便利な機能を活かさずにいるのは、**長い目で見ると大きなロス**となる。

2-6　声を重ねる

2章　レコーディングの手順

　歌は、1人で歌っても楽しいけど、もし2人で歌ったなら、もっと楽しくなる。大勢で歌ったら、もっともっと楽しくなれる。

　レコーディングでは、1人しかいなくても2人で歌ったかのようにしたり、沢山で合唱しているような効果だって作り出せる。ここでは、ボーカル・トラックを複数重ねるテクニックに関してまとめておこう。

■ダブル・ボイス

　まず、2つのトラックを重ねる、ダブル・ボイスを紹介しよう。全く同じことを別のトラックに歌い、それをミックスすることで、独特の効果を狙うものだ。一般的に2トラックが多いが、より多くのトラックで行うこともある。さて、その録音方法やミックス手法だ。

　最も肝心なことは、重ねるトラックを歌う時は、メインとなるトラックを聞きながら歌うのではなく、それぞれ単独で歌うということだ。重ねるのだから、聞きながら歌うほうがベターだと思いがちだが、録音後のエディティングを前提に考えたなら、合わせようとして探って歌うよりも、ストレートに歌ってもらった方が、結果的に表現力豊かなボーカルとなるからだ。そもそもタイミングを合わせるためには、相手（古いトラック）が出る音を聞いて出るしかないし、ピッチにしても合わせようとしたなら、ずれたことを感じてから修正しているようでは、意味がない。だから、もう一本のトラックを聞く必要などなく、今歌っているトラックだけをモニターして普通に録るべきなのだ。

　とはいえ、歌う前にメインとなるボーカル・トラックの歌い方を聞いておくことは大切だ。どういう風に歌ったのかを聞いて、それを真似るわけだ。それでも、ピッタリと合うはずはないが、ボーカルとして美しいものを、後に述べる編集テクニックによって適度に合わせるのがベターだ【→3-2参照】。聞きながら、適度なズレ具合を構築するわけだ。Auto-Tuneなどで、合わせすぎると、ダブル・ボイスの意味が薄れてしまう。サビだけダブル・ボイスにしたり、落ちサビ（サビメロを、音数を減らしたアレンジで聞かせることで、変化を狙ったもの）や、コーダ回（楽曲の最後で、サビをリピートするパート）

2-6

だけ、ダブルにするなど、編集やミックスによって、楽曲に変化をもたらすこともできる。

あるいは、初めからダブルにする目的であれば、一曲を通して歌うより、各セクションごとに複数回歌った方が、タイミングやアーティキュレーションが揃いやすくなる。何回か歌って、その中から良さそうなトラックを2つずつ選ぶのが良いだろう。

ミキシングするときは、2つのトラックの音量はイーブンにせず、3〜6dBの差をつけた方がいい場合が多い。その方が、しっかりと芯がありつつ、ダブルの効果が得られるからだ。逆にイーブンにしたり、2本に限らず3本〜4本にすることで、よりコーラス効果の高いボーカルにすることもできる。メイン・トラックを選ぶ際には、表情豊かで表現が上手い方のトラックをメイン・トラックとして考え、大きめにすると良いだろう。実際の手順としては、メイン・トラックとサブ・トラックの2つのオーディオ・トラックを作り、そこに録音済みのトラックから選び出したリージョンを貼っていくわけだ。メイン・トラックにはベストテイクを、そしてサブ・トラックには2番目に良いトラックを貼ろう。

またパン（定位）に関しては、2つともセンターにするのが一般的だが、メインを真ん中として、サブをほんのちょっとだけ左右のどちらかに振ることで、ダブル感を強調するのも面白い。サブ・トラックを2つ（すなわち全部で3トラック）録音して、メインに対しての2つのサブをほんの少しだけパンを左右にずらして、レベルは数dB下げるという手法もある。

それから、サブ・トラックにだけ、ピッチ補正プラグインをインサートすることで、全体としてピッチが安定したボーカルと聞こえさせることもできる。メイン・トラックに対してピッチ補正しないのは、ボーカリストの個性が失われないようにするのが狙いだ。他の章でも何度もお話ししているが、アーティストは個性が大切なのだ。オート・モードでインサートしっ放しでは、どんなに正確なピッチで歌っているように聞こえても、個性をスポイルすることになってしまう。音程の取り方やピッチの捉え方にこそ、個性があるのだから……。ということは裏返せば、マニュアルでピッチ補正する技【→**5-2参照**】を駆使することで、新たな個性を創出することも可能だといえる。

■バック・コーラス

　メイン・ボーカル[*1]に、その人自身がハーモニーを重ねられることは、レコーディングの大きな魅力の1つと言えるだろう。ライブでは、絶対に不可能なことなのだから[*2]。

　実際に録音する際に、注意したいことは、メイン・ボーカルを聞きながら歌うのか、あるいは、バック・トラックだけを聞いて歌うのか、ということ。これは、前述のダブル・ボイスと違って、どちらもそれなりの良さがあるが、互いにピッチを感じつつ最も美しいハーモニーで歌ったコーラスや合唱は、本当に素晴らしいと思う。この手法では、純正律のようなハーモニーが得られる場合がある。だが、平均律のバック・トラックがある場合は、コーラスだけでハーモニーが美しくても、カラオケとの相性なども考慮しなければならない。だから、アカペラの場合は別だ。

　ピッチ・シフトさせるエフェクターやプラグインで、主旋律からハーモニー・パートを合成することもできる。アレンジを考える際などには非常に便利だが、実際に歌った歌にはまだまだ敵わないので、ピッチやリズムのズレを補正するツールとして使うことは構わないが、合成だけでコーラス・パートを作るには限界はある。

[*1] メイン・ボーカルは、リード・ボーカルとも呼ばれ、それに対してバック・コーラスは、Background Vocal（略してBGV）と呼ばれることも多い。「Chorus」という言葉は、楽曲編成の「サビ」を示すこともあり、バック・コーラスの意味と混同しがちなので注意したい。ちなみに、クラシカルな音楽の場合は「Choir」と呼ばれることが多い。

[*2] ボーカルに対してハーモナイズした音をプラスすることで、ダブル・ボイスやハーモニーを作り出すことも可能。DSP処理によって生み出した、微妙にピッチをずらした音や完全5度、オクターブ違いの音などを足したり、コード進行に合わせて、短3度や長3度をプラスする仕組みを持ったエフェクター（例えば、TC-Helicon／VoiceLiveやルーパーなど）を使うことで、レコーディングに限らず、ライブでも1人でハーモニー効果を得ることが可能だ。
またそのサウンドは、実際に歌って録音したダブル・ボイスやBGVにはない独特の効果が得られ、ジャンルによっては、生を超えるサウンドとして多用されている。
ボーカルに対してのこのようなエフェクトの可能性は多彩で面白い。ディレイやリバーブを含め、ミックスダウンにもつながる音場処理も含め、非常に奥が深い。本書では深く触れていないので、別の機会にそのあたりをまとめる予定だ。

3章
ボーカル・トラックを洗練させる

3-1

極上のボーカル・トラックを創り出せ！

　ボーカル楽曲……とりわけ美しいメロディーを持ったポップスにおいてボーカルは主人公だ。楽曲の成否は、ボーカル・トラックの完成度で決まると言っても過言ではない。
　ボーカリストはアーティストの中でも華のある存在。ボーカリストが"アーティストの代名詞"となっている傾向さえあり、歌モノにしか興味がないという人も珍しくない。それほどまでにボーカルが魅力的なのは、何故だろう？　どうして人を魅きつけるのだろうか？
　ここからは、**理想的なボーカルを創り出す**、録音後の処理についてお話ししよう。

■世界でたったひとつの、自分だけの楽器

　ボーカルは、最も身近な音楽表現の手段。誰もが生まれながらにして授かっているノドが"楽器"だから、他の楽器のように購入したり持ち運ぶ必要さえない。ギターのように弦を張り替えたり、リードを交換する必要もないし、シンセサイザーのように電源も要らない。ピアノのように、他人の手を借りて移動したり調律する必要もない。声を出せば、そこに音楽が生まれる。
　表現力もすこぶる高く、ボーカルのバリエーションは、実に多彩かつ繊細で、アーティキュレーションの自由度は普通の楽器の比ではない。
　またメロディに歌詞を乗せてメッセージを伝えられることも、他の楽器にはない特別な武器と言える。言葉は音の一種だが、歌詞を持った歌は、他の音とは違い脳の中で最も優位性の高い言語中枢に訴えるので、あらゆる音の中でも最も強い印象を持つと言われている。
　そして何より、**声には個性がある**。楽器と違って、一瞬聞くだけで誰のものであるか分かる「個性」と「強さ」を持っている。
　さて、前の章では、ボーカルの録音手順について述べた。そこで、ここからは録音されたボーカル・トラックをミックスダウンに持ち込むための前段階として必要な、録音

後の波形編集から音処理のポイントまで、様々な手法をお話ししようと思う(*1)。それを"ボーカル・トリートメント"と呼ぶことにしよう(*2)。そう、髪を洗う際にコンディショナーでトリートメントするように、お手入れをするわけだ。

■ボーカル・トリートメントの必要性

きちんと録音できたボーカルを、なぜ「トリートメント」(＝お手入れ)しなくてはならないのか？ なぜミックスダウンに入るにあたり、その前にボーカルを加工する必要があるのだろうか？

まずはじめに、ボーカルの音処理に入る前に考えてみてほしい。どんなボーカルが理想なのだろうか？

「リズムやピッチが正しいボーカル」が理想なのであれば、ボーカロイドでも十分だ。歌詞を聞かせる必要がないなら、ボーカルである必要さえないだろう。ボーカルの魅力でもあり最大の武器は歌詞があることだと前述した。そこで、ここでは「音楽にのせてメッセージを伝えることができるボーカル」を理想とする。歌詞を活かすために聞き取りやすくすることは大切な手法といえる。しかし、単に音量を上げさえすれば良いわけではない。バック・トラックが派手でも、決して埋もれないボーカルは、ただ音量だけの問題ではない。ピッチやリズム、イントネーションなど、様々な要素でそれは決まる。

また、ボーカルをエレキ・ギターに例えるなら、録ったままの声はエフェクターもアンプも通していない状態。オーバードライブなどのエフェクターを通すことで、全く違った魅力が生まれたりするように、**ボーカルだって、録り方やその後の処理によって、全く別物にさえなる**。録音手法とそのトリートメントはとても重要なのだ。

ところで、コンサートなどでは、ボーカリストが目の前にいて表情や存在感がダイレクトに伝わってくる。しかしCDや配信などの音源では、**顔も見えなければ表情も分からない**。また、YouTubeをPCやスマホで聞くように、**再生環境があまり充実していない状況で聞かれることも想定**しなければならない。だからこそボーカル・トリートメン

---

*1 実際には、ミックスと平行して行われる場合も多いが、ここではバック・トラック側の処理には触れず、ボーカル単体の音処理に特化し説明する。

*2 ボーカル・トラック自体を加工することをトリートメントと称することとし、ディレイやリバーブのように、ボーカルに付加する"エフェクト"は、ミックスダウンとも深く関わってくるので、別の機会に譲ることにする。

3-1

トが必要になるわけだ。

　これは、写真を撮影するとき、そのままで十分に美しいとしても、メイクしたりライティングしたりすることで、写真になった時にさらに美しく見えるようにしたり、より魅力的に見せるためにエフェクトするのと同じだ。写真や映像は平面になるため、生で見るのとは明らかに違って見えるので、シャドウやハイライトをつけるなどメイクも変える必要があるが、それに近い現象と言えるだろう。そして、**生では絶対に不可能なことが可能になる**ことも、レコーディングがアーティスティックな所以だし、そこがレコーディングの楽しい部分でもある。私が長年取り組んでいても決して飽きることのないレコーディングの魅力は、まさにそこにあるのだ。

　ボーカルに限らず、テイクを編集すること自体に嫌悪感を抱くミュージシャンも多数いらっしゃる。それを否定する気は全くない。一曲通して一連に歌った方が、気持ちがつながっている……というボーカリストの気分もよくわかる。編集作業の是非や功罪、それはオーケストラのシンフォニーに至るまで、常に取り沙汰される話だ。私はここでそれを論じるつもりはなく、あくまでもセンス良くまとめるための技法を解説しているに過ぎない。だから、ここに書かれているような高い技術での編集が必須ではないし、私の手がけたボーカリストが、すべてこうした技法に支えられているわけでもない。現に、全く未編集でCDリリースしているアーティストも沢山いる。

　一点勘違いしないで欲しいのは、**作業の目的は、あくまでもボーカリストの個性を活かし、時には「デフォルメ」し、魅力を引き出すこと**にある。やみくもに加工してエフェクティブにしたり、バック・トラックとの辻褄を合わせることではない。顔の見えない音源という場において、その人の個性や人間味が聞き手にリアリティ溢れる形で伝わるよう、巧みに加工することであり、個性を失わせないようにすることがとても大切になる。

　声には、指紋のように1人1人固有のフォルマントや倍音構成がある。**たった一言の声を聞いただけで誰なのか分かるなんて、凄いこと**なのだ！　それこそがボーカリストの個性。それなのに、一部のJ-POPでは、同じような歌い方と極端なコンプ＆EQ処理をして、かつピッチ補正が深すぎて、誰が歌っているのか判別がつかないような状態だったり、ケロール・サウンド(*3)を使いすぎていることは残念だ。前述したように、単にピッチの正確さを求めるのだったら、生身のボーカリストに歌ってもらう必要はないだろう。メイクが濃すぎると個性がなくなるのと同じで、過ぎたるは及ばざるがごとし。一聴して人物が特定できることが、いかに素晴らしいことなのかを、再認識してほしい。楽器だっ

たら、音色の違いだけで演奏家を特定することはかなり難しいのに、声だったら特別な知識を持たない人でも、また携帯電話のような音の悪いものを経由して聞いても、直ぐに聞き分けられるのだから驚きだ。それを活かさなければもったいない！　その上で、歌い方やフレージングに個性を持たせることができたなら、それこそ本物のアーティストになれるだろう。

　では、その具体的なテクニックについて見ていくとしよう。

＊3　ケロール・サウンドとは、ピッチ補正を極端にかけることで得られる独特のエフェクトで、「ケロケロボイス」とも呼ばれる。

3-2

歌を編む

　ボーカルの素晴らしさは、「声」の個性にあると話した。一言でも、誰の声かを識別できる個性は、唯一無二のもの。その声は、たった一音でさえ、歌い方によって様々なバリエーションが生まれる。==表現は無限==だ。テイクの組み合わせによるバリエーションも無限にあるわけだ。

　==「作りたいボーカル」をイメージ==しておくことが重要。そのイメージに沿うテイクを選んでいくことが肝心なのだ。編集するというより"編んでいく"というイメージだ。

■テイクつなぎのポイント

　前章ではテイクを録るところまでをお伝えした。そして、好みのテイクが選べたら、次はそれらが一体となり、スムースに聞こえるようつないでいく。歌をどのように聞かせたいのか、しっかりとイメージすることが大事なのだが、そのためには、**歌が上手いと思える人のボーカルを研究する**ことだ。リズムのとらえ方、タイミングやピッチの取り方、ポルタメント（ピッチの移行）の使い方、アクセントやダイナミクスの付け方、ビブラート（ピッチを揺らす技法）やトレモロ（音量を上下させる技法）などを、具体的に解析していこう。

　正解はないし、ある人にとってはベストなものが、別の人には受け入れ難いものだったりするくらい、好みはマチマチだ。例えば、ちょっと下からすくい上げるようなピッチの取り方が所々にあった方が、ストレートなジャスト・ピッチの歌よりも色気を表現できたり、ビブラートに関しては、始めから一定のサイクルで揺らぐクラシック調のスタイルよりも、ちょっと溜めてからビブラートさせる「ディレイ・ビブラート」の方が情緒があったりする（**図1**）。

　こうした狙った表情を、ボーカリスト自身が歌ったものからテイクとして選び出すのか、あるいはDAW上でプラグインも駆使して創り出していくのか、どちらも"アリ"だと思うが、大切なのは**理想を明確に掲げる**ことだ。

　ディレクションしたり、トラックをセレクトする際も、全体を漠然と捉えるのではな

3章 ボーカル・トラックを洗練させる

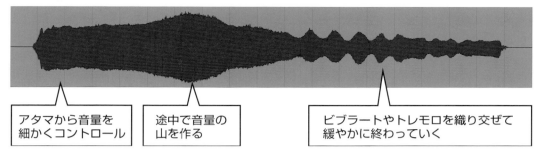

図1：上の2つの波形は、ともに2小節のロング・トーン。上の波形は、表現力に乏しいボーカル・トラックの例。変化がなく、単調に始まり単調に終わっているのが分かる。一方、下の波形は表現力のあるボーカル・トラックの例。アタマを少ししゃくって特徴を持たせ、途中で声量を上げて表情を持たせ、後半はトレモロとビブラートで表情を付けながら、次第に消えていく歌い方をしている。たった2小節でも、これだけの表現力が込められるのだ。

く、目的を明確にし、リズムやピッチが気になる点を差し替えるなど、個々の要素ごとに着眼して聴くと良いだろう。そうすることで録音中のアドバイスも明確になり、作業効率が上がり、結果もより質の高いものとなる。ただ単に、何テイクも録音しても、問題点はいつも同じ箇所に起こり、結局意味のない作業を繰り返しているケースを見かける。苦手なフレーズを的確に録るなど、ボーカリストのモチベーションを考慮しつつ、効率的に作業を進めよう。

　その一方で**曲全体として、最初はざっくりとテイクを並べてみて、全体像を俯瞰すると良い**だろう。音楽表現として、ソフトに歌ったり、シャウトしたり、色んな表現方法があるので、**ベストなテイクを並べることが「上手い歌」になるとは限らない**。意外と、何も考えずに、いきなり歌ったテイクが、感情表現としては"キモチイイ"かもしれない。そのためにも私は、必ず歌い始める前に、何気なく声を出している時や、発声練習をしているスキにチェックしておいて、ファースト・テイクから収録するようにしている。

3-2

　少し話は逸れるが……巷では、何にもない無音状態で、いきなり「ハイ、サウンド・チェックしますので、声をください」とか、「最も大きいところを歌ってみてください」などと、エンジニアがボーカリストにリクエストしているシーンを見かける。正直言って呆れる。回線チェックが目的なら、事前にやっておくべきだし、カラオケもなしに歌ってもらったところで、本番と同じ声で歌ってくれるはずがない。「一番大きい声が、どこで、どのくらいになるかなんて、歌ってみなきゃわかんないでしょ！」と言われるのがオチだ。

■ブレス位置での編集

　編集する際は、歌詞の意味や言葉のつながりでフレーズを区切りがちだが、細かくつなぐ場合は、ブレスの始まりから次のブレスの直前までをひと塊として捉え、息を吸い始める直前の"息が止まる瞬間"でつなぐのがいいだろう。なぜなら、ブレスとブレスの間は一息で歌っているので、音（音量／音質／リズムなど）の流れが自然なことと、ブレスの直前は一瞬無音の状態になっているので、そのポイントで編集すればノイズが出にくいからだ。音楽的にも物理的にも編集に適したポイントである。ブレスの直後も息が止まる瞬間だが、ブレスは次に歌う音のために吸うわけだから、ブレスと次の音はセットと考え、そこは崩さない方が無難。ただ、それとは違った考え方として、あえてそこでつなぐ方法もある。安定したボーカリストであれば、それでも綺麗につながるだろうが、吸った息と吐き出す音のタイミングやニュアンスが不自然になることが多いので、注意したい。あくまでも基本は、「吸って＋歌う」はセットとして捉えよう。

　ブレスは、野球やゴルフでいう"バックスイング"だと考えよう。球を打つためにバックスイングするわけで、バックスイングしたままで待つことはなく、バックスイングとスイングはひと塊の動作なのだ。

　ブレスは音程を持たない音なので、非常に細かく複雑な波形で、視覚的にも簡単に見つけることができるだろう。ボーカリストのブレスの波形はそれぞれに特徴的なエンベロープとなり、それもまた個性と言える（**図2**）。

　ブレスごとのブロックではなく、さらに細かくつなぎたい場合は、"息が止まる瞬間"を基本として、"口が閉じているタイミング"や"舌で息を止めてから発音している箇所"でつなぐ。前者は「マ行」「パ行」などであり、唇が閉じてから開く瞬間、後者は「ラ行」「タ行」など、舌が上あごから離れる瞬間を狙うことになる。それから、息が止まるわけ

ではないが、「サ行」では、子音を発声している時間が長いので、微妙なタイミングのズレが気にならない場所として、編集箇所に利用することもできる。

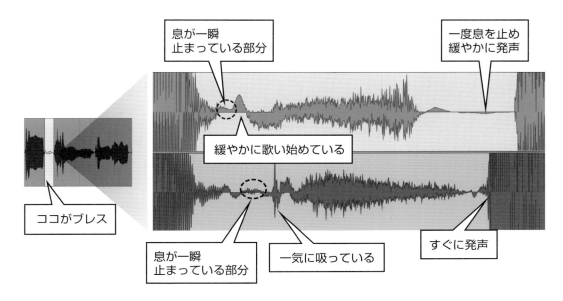

図2：ブレスに見られるボーカリストの個性。「ココがブレス」と記した左側が息の吸い始めなので、そこでクリップを分割し、編集していく。ブレスを拡大表示すると、右側の波形のように見える。例として、2種類の歌い方を示した。波形の高さが極めて低くなっている部分が息の一瞬止まっているところ。ブレスの仕方にも個性があり、上の波形のボーカリストは前の音が終わるやいなや緩やかに吸い始め、早めに吸い終わり、そこで息を止めて次のアタマのタイミングを計って歌っている。下の波形はビート感のあるブレスで、吸い始めでリズムに乗って一気に吸い、次の声を出している。グルーヴ感は出るが、吸い始めにリップ・ノイズ（波形が突出して高くなっている部分）が入ることもあるので要注意。耳障りなら除去しよう。

■タイミング補正とグルーヴ感の演出

　波形編集は、テイクのセレクトだけでなく、"タイミング修正"も大きな目的のひとつ。タイミング修正を積極的に行うことで、グルーヴ感を出すことも可能だ。

　はじめに話しておくが、完璧なボーカルやリズム通りに歌わせることが目的ではない。あくまでもテクニックとして紹介する。**そのノウハウをどんな場面で、どんな風に活かすのか……それこそがセンスであり、アート**なのだ。そこだけは忘れないでほしい。

では、リズムやタイミングの乱れを補正する。聞いていて不自然だと感じたら、波形とDAW上の小節や拍のグリッド（波形表示の背景に、小節線や拍のタイミングを示す縦線）との位置関係を見てみよう。ジャストなタイミングよりもちょっと先行して突っ込んでいれば、波形はグリッドに対して先行しているし、モタっていればグリッドの後にあるだろう。それをベストなタイミングに移動させるわけだ。この時、ただ闇雲に正しい位置に移動すると、機械的になり過ぎて、魅力のない歌になってしまう。時には、わざとタメたりプッシュしたりして歌わせることで、活き活きした表現になったり、それが個性となるので、ジャスト・ビートに対してどのくらいずらすと魅力的なのかを把握できるようになろう。その値は常に一定ではなく、曲のテンポや曲想によって常に異なる。また人によって、ジャストと感じる位置も異なるため、それが個性となる重要な要素でもあるわけだ。

人によってリズム感が違うだけでなく、同じ人でも歌詞（発音）によって、声が出始めてから音として認識されるまでの時間は異なる。当然、日本語なのか英語なのか、どこの言語で歌うかなど、言葉（単語）の違いによって、波形の見え方はまるで違ってくる。日本語は、1文字1文字をしっかりと発音する傾向があるが、英語などでは、前後の発音がつながったり、言葉自体がリズミックに流れているケースが多く、編集ポイントを見つけること自体は、日本語の方が楽だろう【→3-3参照】。

■連続した波形の編集テクニック

無音でないポイントで無理やり切り貼りしようとすると、「プチッ」といったノイズが発生しやすくなる。しかし音が伸びている真っ只中であっても、基本を押さえれば、違和感を感じさせない編集が可能だ。例えば……録音中にボーカリストのロング・トーンの息が続かなくなった場合は、オーディオ編集で伸ばしてあげることができる。

では、具体的にタイミングを移動させる方法だが、先述のように息の止まる瞬間に切られた波形（オーディオ・クリップ、または、リージョン）を時間軸で動かすと、前後の音との関係が不自然になることがある。音が連続している場所では、後ろにずらすと次の音と重なったり、逆に前にずらすと、次の音と妙に間が空いたりするからだ。その場合は、音を伸縮させてタイミングを修正しなければならない。かといって、タイム・ストレッチ（タイム・コンプレッションやエキスパンション）では、声のエンベロープや、ビブラート、トレモロのスピードが不自然になるのでお勧めできない。では、どうやって音を伸

ばしたり縮めたりするか、そのコツをお伝えしよう。

■ロング・トーンを伸ばす

　音の始まりや終わりは変化が激しく、ボーカリストの個性となる部分なので、そこには手を触れず、波形を見て音量とピッチの変化が緩やかだったり安定した部分を探し、そこで調整するのが基本。

　まず、音を伸ばす、すなわち波形の終わりを伸ばす方法から。あるフレーズを歌い終える部分がちょっと早く終わっており、もう少し後ろのタイミングで歌い終えているように聞かせたいとする。まずは、歌い終わり付近の波形を見て音量／ピッチの変化が安定したところを探し、そこでクリップを分割して、音の終わりの部分を理想的なタイミングに移動させる（**図3**）。これで課題となっている箇所を、望むタイミングで終わるようにできたわけだが、分割した2つのクリップ間に空白が生じている。DAWではオーディオの非破壊編集が可能なので、クリップのカットした部分を引っ張ると、それに続く波形が現れる。私の使っているAVID／Pro Toolsでは、トリム・ツールがその役割を果たしてくれる。その空白になった部分は、両クリップのカットした部分を少しずつ引っ張ってきて埋める。もともと音量／ピッチの変化が安定した部分をつないでいるため、比較的スムーズにつながりやすいわけだ。とはいえ、両方の引っ張ってきた部分が出会うところは波形の規則性が乱れてしまい、このままではノイズの原因になるため、編集にちょっとした工夫が必要になる。波が連続するよう最初に移動させた方のクリップの位置を微調整してみよう。「ここで動かしたら、最初に修正したタイミングがまたズレてしまうのでは？」と思う人もいるかもしれないが、ほんの少し動かすだけなので大丈夫。あまり気にしなくてよいだろう。

　この時、注意することは、波の規則性をキープできるように調整すること。基本波だけでなく倍音(*1)も考慮しなければならないから、波形表示の倍率を変えながら、規則性がつかみやすい大きさにした上で微妙にずらして、繰り返すパターンを乱さないようにしよう。つまり、一番目立つ波形のうねりだけではなく、その波に乗っかった、さら

---

*1　倍音：この「倍音」という概念は、音響を語る上で、とても重要なので、別の章で詳しく説明する【→4-4参照】。

3-2

に細かい波も違和感なくつながるようにする必要があるのだ。

　概ねつながったら、拡大してゼロクロスをとったり、クロスフェードしたりする。こうした行程を踏まずに、連続性を無視して強引にクロスフェードしても、クリックノイズは取れるだろうが、クロス部分の波形がくびれたり盛り上がったりして音が不自然になってしまう。

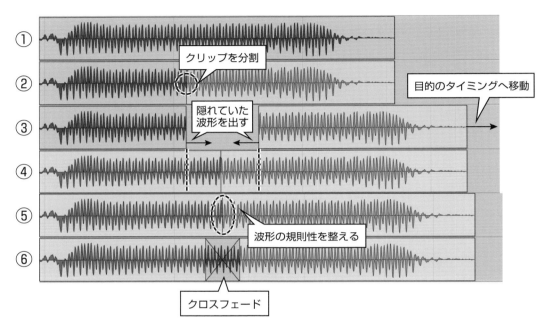

図3：波形を伸ばす方法。①は未編集の波形。本来のフレーズよりも早く歌い終わっているため、次のグリッドの辺りまで伸ばしてみる。②は①の波形の中で音量やピッチの安定している部分を見つけ、クリップを分割したところで、③は分割した波形を移動させ、歌い終わりを目的の位置までズラしたところ。左右のクリップの間に空白ができたので、それぞれの両端を引っ張って隠れていた波形を出し、適当なところでつなげたのが④。ただし、このままでは波形が乱れているので、⑤のように右の波形を微妙に左右に動かして、波形の規則性を整える。最後は、⑥のようにクロスフェードさせれば滑らかにつながる。

■ロング・トーンを短くする

　それから、音を短くする際、FO（フェード・アウト）することで長さを短くしている人をよく見かけるが、口が閉じたり息がなくなって消える感じが失われて違和感が生じてしまう。伸ばすときと同様に中間の安定部分で切って、中抜きして縮めよう（**図4**）。縮める時間が大きいときは、1箇所で大きく詰めないで、何箇所かに分けて詰めていくことで、自然な変化を作ることも可能となる。

　こうして音の長さを自由に調整できるようになると、音が始まるタイミングや音の切れ際のタイミングを調整することで**グルーヴ感を演出**できるようになるので、このテクニックはぜひマスターしてほしい。

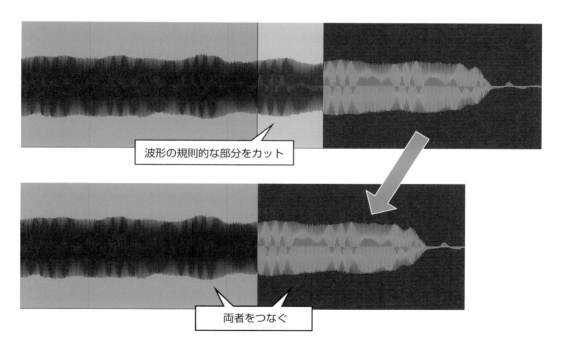

図4：波形を縮める方法。上の波形で歌い終わりを早めたい場合は、フェーダーで絞らずに、音量やピッチが安定した辺りを中抜きして、それ以降を詰める。ただし、この例のようにビブラートがかかっている場合は、波形の規則性をよく見て、ビブラートの揺れの繰り返しパターンを乱さないように注意して編集しよう。そうすれば違和感なく、歌い終わりを望んだタイミングに修正できる。

3-2

■リズムを変える

　音の長さを変えられるということは、リズムも変更できるということだ。例えば、8分音符が2つだったものを、16分音符と付点8分音符との組み合わせにしたりできる。例として、少し高度なテクニックになるが、2つの音がつながっている部分で、2つめの音のタイミングを早めるという編集をしてみよう。

　その場合は、それぞれの音で波形の安定した部分を探し、見つかったらそこでクリップを分割する。次に、タイミングを早めたい部分が含まれるクリップを理想の場所に移動。前の波形と重なる部分や、後ろの波形との間に空白ができると思うが、そういった部分には前述の処理で埋める。こうすれば、ブレスや音が止まる瞬間を意識せず、音の連続した部分でもタイミングの調整が行える。

■トレモロとビブラート

　ロング・トーンを伸ばしたり縮めたりする際は、トレモロとビブラートにも気を遣わなくてはならない。トレモロは音量が周期的に変化（音量変化によるモジュレーション）し、ビブラートはピッチが周期的に変化（ピッチ変化によるモジュレーション）する歌唱法。前者は波形の高さがうねり、後者は、波形の細かさとなって現れる。こうした波形の変化が激しい部分でラフに編集すると、非常に違和感がある音になるので注意したい。波形変化に着眼して、その連続性を乱すことなく、繰り返すよう編集すれば自然につなぐことができる。

　それから、波形を拡大する倍率を変えながら表示すると、倍音による独特のうねりが見えてくるので、この繰り返しパターンが乱れないように編集することで、より綺麗につなぐことができる。

　つまり「ピッチ」と「音量」と「音質」が、波としては、それぞれ「波形の繰り返す幅」「波形の高さ」「細かい波の形」に現れるので、その3点の連続性や反復の規則性を意識して編集することを心がけると違和感なく聞こえる編集が可能となる。それを見つけ出すコツは、時間軸方向の波形の拡大倍率を変えることで、独特のうねりを見つけ出すことだ（**図5**）。

3章　ボーカル・トラックを洗練させる

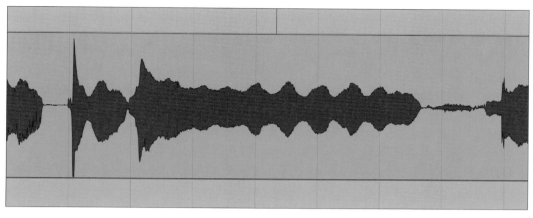

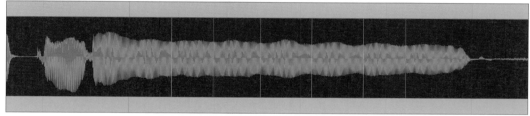

図5：上がトレモロで下がビブラート。トレモロは音量が一定のサイクルで上下している。ビブラートは音量変化は少なく、波形の中に規則的な模様（パターン）が見える（繰り返しがわかりやすいよう、縦のラインを追加している）。波形の倍率を変えて表示すると、トレモロやビブラートのうねりが見つけ出せる。うねりが乱れないようにつなぎ、ゼロクロスさせる。強引にクロスフェードをかけると違和感が出やすい。

　ところで、ピッチやレベルを気にしながら編集するということは、微妙に時間軸を前後させてつなぐことになるわけだが、それ以降のトラックが全体的にずれたりしないように、ブレス位置などでフレーズを便宜的に切っておくこともお忘れなく。そうしないと、知らない間に、どんどんトラック全体がずれていき、リズムが狂ってきてしまったり、ボーカリストが本来歌ったタイミングを見失ってしまいかねない。**基本はあくまでもオリジナル**にあり、それをさらに良くすることが目的であって、ズタズタに切り刻んで編集することが目的ではない。

3-2

Column

タイミング合わせの専用ソフト VocALign

　専用のソフトウェアによるタイミングの修正も可能だ。ここではSynchro Arts／VocALignについてご紹介しよう。このアプリは、もともと映画のアテレコ(*2)で、撮影時に同録(*3)された自らのダイアログ(*4)や、アフレコ前のガイド音声にタイミングをピッタリに合わせるためのもので、これを活用することで、オリジナル・ボーカルやガイド・ボーカルにダビングしたボーカルのタイミングや長さを調整することができる。リズムがずれてしまったがテイクとしては気に入っている場合のタイミング合わせとか、バック・コーラスをメイン・ボーカルに合わせる際など、非常に重宝する。少々強引な使い方ながら、ガイド・ボーカルに合わせることによって、リズムが苦手なボーカリストでも、グルーヴ感を持って歌わせることが可能となる。いずれの場合も、ガイドがあることが前提だ。本アプリの目的からして、音色やピッチ変化には対応しないが、特に本人の声がオリジナルだった場合のタイミング修正は、ほぼ完璧だ。唇の動きはもとより、ノドの動きまで再現してくれるので、映画やアニメのアフレコやライブ音声の差し替えにも使える。

　VocALignは、ハリウッド映画のアフレコ用に開発され進化してきたもので、すでに四半世紀近い歴史があるが、我が国では、馴染みが薄いようだ。それは、日本の映画やドラマの現場において、本人の声をアフレコすることはほとんどないからだ。基本的に同録された音声を使う。それは、予算的なこともあるようだが、一番の違いは、価値観の違いだ。我が国では、「芝居の流れの中で録ったセリフが一番いい」という観念があるのに対して、ハリウッドでは、演技に専念して撮影することを優先し、後からより的確な環境や機材（スタジオやマイクなど）で、表情豊かで明瞭な音声を録ってダビングする方が、完成度が高くなる……という考え方の違いだ。役者さんたちの反応も個人差があり、演技にリンクしたダイアログが良いと言う人もいれば、後からジックリ何度でもダビングできることを喜ぶ人もいる。もう一点、アフレコであれば撮影現場で、BGMをかけながら演技するなど、雰囲気作りをした中で撮影することも可能だ。ともに、それなりの良さがあることも事実だが、音響的な観点では、アフレコが圧倒的に有利だ。マイクの仕込みに苦労したり、ガンマイクで集音したりする必要もなく、レコーディング・スタジオで音響的に優れた環境で収録できるからだ。ただ、そのオーディオ・アライメント(*5)に技術と時間を要することは否めない。それは、アニメや洋画の吹き替えなどのアフレコでも同様なことが言える。全員が一堂に介して、同時に録音していく録音方法と、1人ずつダビングしていくスタイルがある。我が国のアニメは、圧倒的に前者が多い。後者を"ヌキドリ"といって、特殊な録り方であるかのように言われるくらいだ。しかし、ハリウッドでは、全く逆だ。1人ずつ録ることが基本。予算があり、十分に時間をかけて作るからこそできることでもあるが、音声や音響に対するこだわりから生まれた仕事のスタイルだ。

　綺麗に録れていないからとか、ノイズが入ってしまったからなどという消極的な理由ではなく、さらに表情豊かでクリアな音声を求めて行う行為ゆえ、映像に入っているオリジナル音声とダビン

グされた音声がピッタリと合っていることは、当然の前提となる。実際には、ここまで述べてきたように頭やお尻のタイミングを合わせるだけでなく、セリフの長さを伸ばしたり縮めて、スピード感を変えたりすることも必要になる。

そんな背景の中で、長い時間をかけて進化してきたソフトウェアだけに、VocALignの完成はすこぶる高い。ただ、音声波形のADSR（タイミングと音量の時間変化）を合わせる機能なので、ピッチや音色までは反映しないため、ポルタメントやビブラートなどは再現しないけれど、タイミング修正としては、完璧な仕事をしてくれる。

---

*2　アテレコ：映像に合わせて声をダビングする作業で、アフレコを当てるという意味からできた造語。

*3　同録：映像撮影時に音声を一緒に録音すること。

*4　ダイアログ：セリフのこと。

*5　オーディオ・アライメント：アライメントは、調整という意味だが、主にポスプロ（ポスト・プロダクション）の現場で、映像に合わせて音声のタイミング調整を行う作業を「オーディオ・アライメント」と呼ぶ。

3-3

歌詞を意識した編集

　ボーカルには、歌詞があることが最大の魅力だと話した。歌詞は音楽でハートを揺さぶるのに、とても効果的な武器にもなる。その歌詞を意識したサウンド・メイキングを考えてみよう。

■日本語だけが、外国語と違う点

　日本人は、諸外国の人に比べて、歌詞をメインに聞くと言われている。これは意外と知られていないことだが、脳の研究から得られた事実である。

　脳と一口に言っても、音楽やアートなどを感じることと、言葉の意味を理解することは、別の部位が担当している。人間は言語を最大のコミュニケーション手段としており、言葉を理解しようとすると、他の脳の働きが鈍くなるわけだ。歌詞の意味を理解するのは、言語中枢と呼ばれ、脳の中でも最も優位な働きをする。そのため、音楽を聞いていても、そこに刺激が加わると音楽などのアートを感じる脳はフル回転しなくなってしまうのだ。

　一方、英語圏では、歌詞を"言葉"というより、音楽の一部、あるいは"サウンド"として聞く人が多いことが分かっている。

　日本人の多くは、音楽を聞いていても歌詞が聞こえるとそれに影響され、その意味を深く味わおうとする傾向が強い。逆にその背景で流れている楽器の音はあまり聞いていないことになる。従って、イントロでは音楽として感じ、ボーカルが歌い出すと言語として聞き、間奏になるとまた音楽として聞く……というような、ある意味では器用な聞き方をしているわけだ。脳波計を付けて実験すると、その切り替わりが見事で驚かされる。

　一方、英語を公用語とする諸外国(*1)では、メロディーに歌詞があっても音楽の一部、あるいはサウンドとして聞く人が多い。

　どうしてそのようなことが起こるのだろうか？　実はこれは、日本人が英語の聞き取りが苦手な理由と同じであると考えられる。つまり、英語はリズムやイントネーション

---

*1　ここでは英語を公用語とする、主にアングロ・サクソン諸国（イギリス、アメリカ、カナダ、オーストラリアなど）を指す。

3章　ボーカル・トラックを洗練させる

も含め構文全体の流れを聞き取り、たとえ一音一音が聞き取れていなくても、大意が分かれば十分と考えたり、全体から個々の単語を推測したりしているが、日本人は一文字一文字の発音を聞こうとする。それを英語にも当てはめるために「聞き取れない」という現象が起こるわけだ。その特性のため、日本語の歌詞であっても、**言葉が聞き取れない歌を聞かされると違和感を感じる**ことになる。だから日本語ボーカル楽曲においては「歌詞」の存在感は非常に大きくなる。従って一部のジャンルの音楽の中には、「歌詞がすべて！」…というような曲さえ存在する。ということは、日本語のボーカル・トリートメントではそれを意識すべきで、**楽曲の持つメッセージがきちんと届くためにも、言葉を明瞭に聞き取れる音処理をすることが非常に重要**なのだ。

　一方 英語圏では、英語の歌詞が聞き取れないような歌い方や音処理をしても違和感を感じる人が少なく、それよりもリズムに乗った歌詞が重んじられる傾向がある。

　それから、文法に起因する語順にも大きな違いがある。例えば、以下の例を見てみよう。

日本語	：「私は」	「あなたを」	**「愛している」**	(S+O+V)
英語	：「I」	**「love」**	「you」	(S+V+O)
ドイツ語	：「Ich」	**「liebe」**	「dich」	(S+V+O)
中国語	：「我」	**「爱」**	「你」	(S+V+O)

　S、O、Vは、それぞれ主語(Subject)、目的語(Object)、動詞(Verb)の略だ。日本語は、最も重要な動詞の語順が最後になっていることにお気付きだろうか？

　別の例も見てみよう。

| 日本語 | ：「走っては」 | **「いけません」** |
| 英語 | ：**「Don't」** | 「run」 |

　この例では、日本語は最後まで聞いて初めて意味が理解できるのに対して、英語では、頭を聞いただけで言いたいことがわかってしまう。もし、禁煙場所でタバコに火をつけようとしている人がいて、それを止めようとして話しかけた際、英語なら「Don't」と言った途端、一瞬で抑止しようとしていることが伝わるが、日本語だったら「タバコを吸……」まで言いかけて、よく相手を見たら怖そうな人だったので「……っても構いま

せん」と、途中から言い換えることだってできることになる（笑）。最後に大事な言葉がくる文法は、日本語の特徴とも言えるわけだが、これをメロディーに乗せて歌った場合、意味をわかってもらうためには、最後まで明瞭に聞かせる必要があるわけだ。ポップスの多くは、4小節とか8小節というフレーズ単位で見たとき、頭が盛り上がって最後が落ち着くものも多いのだが、頭で言いたいことが伝わる外国語にはフィットしても、日本語の場合はその流れに反していることになる。それを回避するために、倒置法によって語順を入れ替えたり、サビで英語を混ぜるなど、様々な工夫によって名曲が生まれている。このように、最後まで歌詞をキチンと聞かせることは、日本語ボーカルにとって、大きな課題の1つだ。

　当然、求められるボーカル処理の仕方が全く違ってくる。つまり、**日本語の歌詞に最適な処理方法がある**ということだ。日本語を理解できない外国人のエンジニアやプロデューサーの手で制作された邦楽アーティストの作品が、日本でヒットしにくい最大の理由はここにある。逆もしかりで、英語を理解できない日本人によってミックスされた英語楽曲が、英語圏でヒットすることが難しいのは、発音が悪いからという理由だけではないのだ。

■日本語のリズム

　この章の冒頭で、日本人には独特の聞き取り方があると話したが、それは**言語構造に由来**する。日本語は、一文字一文字ごとにそれぞれの発音があり、その発音の組み合わせによって言葉として理解している。日本語では、リズムはさほど重要ではないことが多く、平坦な表現で話される。その一方、英語では文字ごとに発音が決められているわけではなく、文字列の組み合わせで発音や意味が決まる。聞き取るには、日本語と違って文字列の持つイントネーションやリズムが重要。言葉そのものにリズムがあり、それだけでも十分に音楽的……その点が全く違うのだ。英語圏で生まれたラップ・ミュージックを聞くと、普通に話されている言葉とかなり近い。日本語のラップのように、無理矢理リズミックに歌う必要などない。

　余談だが、同じ日本語でも、大阪弁はリズミカルで、アタックやシンコペーションがふんだんなため、英語のそれと近い部分がある。もしかしたら、関西の方は英語の上達

3章 ボーカル・トラックを洗練させる

が早いかもしれない。そういえば「I can't」と「あかん」は、実は同じ意味として通じたりする（笑）。

それから、漢字のように、一文字で意味を表す表意文字を用いる国民と、それを持たない人々とでは、脳の使い方が違うこともその理由だ。このあたりは、日本人が英語の習得が苦手な原因でもあり、音声学として追求すると非常に面白いのだが、ここでは深入りしないことにする。

■母音で終わる日本語

音声には、母音と子音がある。日本語は、五十音順といわれる5つの母音「A・I・U・E・O」と、9つの子音「K・S・T・N・H・M・Y・R・W」の組み合わせで成り立っている。子音は個々の母音の頭に付き、倍音が多く短い音で、アクセントをつけやすい。一方の母音は比較的柔らかな音でアクセントを付けにくい発音。しかし伸ばして発音することでビブラートをかけたり、ポルタメントさせるなど様々な表情がつけられる音だ。

日本語の単語は、必ず母音で終わる。歌詞を長く伸ばせば、「ん」以外の言葉はすべて母音のいずれかに落ち着く。例えば「愛」は「い」で終わり、「犬」は「う」で終わるというように。一方英語などでは、子音で終わることも多い。「Love」「Dog」などは、母音

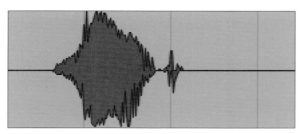
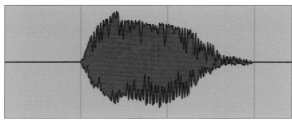

図1：上の波形は「Love」、下の波形は「愛」と歌っている。英語ではアタマにアタックがあり、音の終わりにも子音があるため終わりが明確だが、日本語では母音のアタマが不明確な上、母音が次第に消えるような形で音が終わっている。英語では、音の終わりもグリッド上に子音がくることでグルーヴ感が増している。日本語では音の終わりを意識しないで歌いがちだが、子音で終わっていなくても、**語尾を意識するだけで見違えるように変わる**。編集によって音の長さを調節し、音の終わりにグルーヴを作り出すことも効果的だ【→3-2参照】。

で終わらない。それなのに日本人が「Rabu（ラブ）」「Doggu（ドッグ）」と発音して母音（この例では「u」）で終わらせてしまうのは、日本語では元々子音で終わることに慣れていないためだろう。

■音の切れ際を意識することで生まれる"グルーヴ"

　単語の最後を子音で終わらせることができる英語では、単語の終わりにもアクセントやビート感を出すことができるが、日本語では、単語の終わりは必ず母音であるため、アタック感をつけたり、音の終わりでビートを感じさせることは難しい。誰だって歌うときに音の始まりのリズムは気にする。しかし、音の終わりにリズムを感じることが少ないのは、言語からくるものだ。日本人はリズムに弱いと言われているが、**普段話している日本語ではグルーヴ感を出しにくい**ことが最大の理由だ。

　何度も話しているが、グルーヴを出すには、音の始まりだけではなく音の切れ際を意識することも大切。日本語は前述のように、すべての音が母音で終わり、子音で終わることはないので、どうしても締まりのない発音になって語尾が曖昧になりがち。でも、音の終わりを意識することで、グルーヴ感を出せるようになる。音のアタマだけを意識している場合に比べて、切れ際も意識することで、リズムを感じさせるチャンスが倍になるのだ。音を止めるタイミングを意識したり、母音をシャープに終わらせることは、ボーカリストがグルーヴ感や"上手さ"を感じさせるには、非常に大切なテクニックと言える(*2)。

　このことを考慮すれば、**編集によってグルーヴ感を演出**することができる。音の切れ際を意識することは、ボーカル・トリートメントでは非常に重要なテクニック。アタマをリズムに合わせる目的でリージョンごとシフトしてしまうと、一緒に音の切れ際まで動いてしまい、本来のグルーヴ感さえ失われてしまう。だから、音の始まりと終わりを一旦切り離して、それぞれを理想的なタイミングに移動させ、その両者が綺麗につながるように、波形編集するわけだ。

　これは、**楽器の演奏や編集にも応用できる**。例えばベースで、音の始まりだけでなく、音が切れるタイミングにも注意することで、グルーヴ感が全く違ってくる。

---

*2　ボーカルでそれを実現させるには、**腹式呼吸をマスター**する必要も出てくるだろう。音を終わらせるには、舌の奥でノドを閉じて息を詰まらせることでも行えるが、腹筋に力を入れてお腹で息を止めるような感覚を試してみてほしい。

■子音で始まる日本語

　英語は子音が活躍するので、ビートやグルーヴを出しやすいと話したが、子音にアクセント感があるのは破裂音が多いからだ。例えば「Dog」では、頭の「D」も終わりの「g」も、舌で止めておいた息を瞬発的に破裂させている。「t」「k」なども同じだ。それから、舌ではなく閉じていた唇を開く瞬間に発する「p」「b」などの子音も破裂音だ。短い時間で沢山の息を出すためアタック感が出しやすい。一方、母音の発音には破裂音はなく、アクセント感に乏しいため、リズム感やグルーヴ感を表現しにくい。

　歌詞がハッキリ聞き取れて、メッセージをきちんと伝えるためには、**子音と母音の組み合わせをきちんと聞かせる**ことが大切。頭にアタックを持って発音される子音に対して、深すぎるコンプは子音の明瞭度を殺すので注意が必要。例えば「た」と「だ」の違いが不明確になったり、「た」と「か」との違いさえ、オケに埋もれると聞き取れなかったりする。

　明瞭度の低い母音にはEQが欲しくなるが、きつすぎるEQは子音を耳障りにするので、相反することが要求されたりする【→4-4、4-7参照】。

■日本語の特徴を活かした編集

　日本語の歌は、波形の始まり、つまり子音の始まりではなく、**母音が発音されるタイミングを音のアタマと捉える**ことが大切。しかし、子音の長さは言葉によってかなり違う。例えば、「サ行」の音は、アタマの「S」という子音部分が、「タ行」の「T」や「カ行」の「K」といった他の子音より、長い時間発音されることが多く、そのスタート位置がかなり突っ込み気味にならないと、母音の頭が揃わない。もし子音のアタマを音のスタートだと考えてグリッドに合わせると、明らかにモタって聞こえてしまう。「サ行」の波形を見てみると、最初の方に高さが低く、複雑な波形があるのがわかるだろう。これが子音の「S」が発音されている部分で、続く高い波形が母音だ。「S」の発音が長い分だけ突っ込み気味にする必要がある（**図2**）。

　同様なことが「ナ行」にも言える。「N」の発音の直前に、息を止めた瞬間「ん」と同じような発音がなされるが、その部分は、ジャスト・タイミングに対して、突っ込み気味

3-3

となり、その直後に続く母音部分がジャスト・タイミングになると自然に聞こえる。

このように波形とグリッドとの関係は、歌詞によっても見え方が違うので注意したい。**母音が発音されるタイミングとグリッドの関係**が重要。グルーヴ感を出して歌えるボーカリストは、そうした行為を無意識に、あるいは、意識的に行っている。

ところで、波形のタイミングを移動させる時には、その言葉を移動させた分の辻褄をどこかで合わせる必要が出てくる。単語として、全体的に動かすのであれば、ブレス位置で調整出来る。もし一音の中で処理する必要があれば、先述したように、波形の母音部分の中で規則性を見つけてつなぐ、あるいは繰り返すことで時間調整をしよう【→**3-2**参照】。

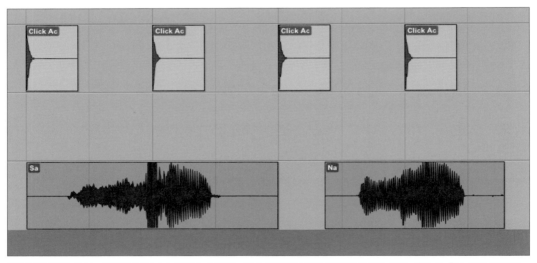

図2：2拍目に「サ」、4拍目に「ナ」と発音した波形。「S」の子音は長めに発音されるので、「T」や「K」に比べて突っ込み気味にしないと、子音に続く母音の頭が揃わない。「N」も「ん」の部分が突っ込み気味になる。日本語の歌を編集する際にはこういった点も頭に入れておきたい。

■波形編集で歌詞を変更

　ここでは、編集によって歌詞を変更するテクニックを紹介する。日本語の発音を理解し、歌詞を明瞭に聞かせるためにも参考になるだろう。

　例えば「さ」と歌っている部分があるとして、これを「か」に変更してみよう。「さ」は、「S」という子音と「A」という母音から成る音。一方「か」は、「K」という子音と「A」という母音から成っているので、子音だけを入れ替えれば良いのだ。

　具体的には歌詞の中で「カ行」の言葉を探し、その子音である「K」の部分だけをコピーしてきて、先の「S」と置き換える。すると「K＋A」という音になるので、見事に「か」という音に聞こえるようになる。必要なのは「K」だけだから、必ずしも、「か（K＋A）」と歌っている必要はなく「カ行」であればいい。しかも、子音にはピッチがほとんど感じられないため、ピッチを気にする必要もない。とはいえ母音まで同じだったり、音程が近いものを選ぶ方が、編集が楽なことは確か。また発声する勢いとか歌い方が近いものを選べば、より無理なくナチュラルに仕上げることができる（**図3〜図4**）。

　一方「か（K+A）」を「こ（K+O）」にするような場合は、子音（K）はそのままで母音を「A」から「O」に変更することになるが、ここでは注意が必要だ。母音にはピッチがあり、また長さがある。当然音量変化もあるため、そこを合わせることが重要。まず、できるだけピッチと音量表現の近い「オ段」を探し出しコピーしよう。とはいえ全く同じである必要はない。元の母音がどのように変化しているかを観察して、同じような長さ、音量、ピッチ変化になるように加工すれば良いわけだ。具体的には、音の長さは波形の高さと長さで再現し、音量とピッチは、ピッチ補正プラグインなどで解析して、その値で加工するのが良い。その上で、母音部分を差し替えるのだ。

　ある程度歌われたトラックが素材としてあれば、こうした手法を組み合わせて歌詞を変更することは、さほど難しくはない。ただし、作詞家の作品を変えたり、歌った覚えがない言葉を歌ったことになるので、**アーティストやボーカリストの尊厳に関わる**可能性がある。道義上の問題を十分に考慮して臨みたい。何らかの理由で歌詞を変更する必要が生じたにも関わらず、アーティストが忙しくて歌い直すスケジュールが取れない場合など、エマージェンシー対策に行うことを基本にすべきだろう。実例としては、「永遠」を「えいえん」ではなく「とわ」と歌うべきだった……というような場合でも、編集によっ

て修正することで、ハツエン（発売延期）にならずに済むわけだ。

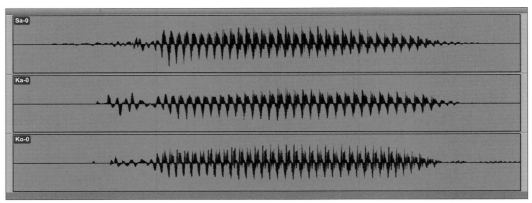

図3：上から、「サ」「カ」「コ」と発音している音声の波形。「サ」は「S＋A」「カ」は「K＋A」 のように、子音と母音との組み合わせでできている。波形の頭が子音で、複雑な波形で規則性がなく瞬間的なので、音程を感じにくいのに対して、その後ろに続く母音は、一定の繰り返しがあり、音程がハッキリしている。

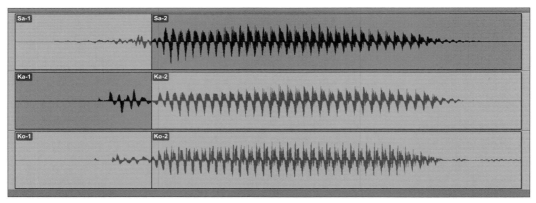

図4：子音部分と母音部分を切り離して、入れ替えたり組み合わせたりすることで、別の言葉を作ることができる。選択されている1段目の「サ」の母音の「A」に、2段目の「か」の子音の「K」や、3段目の「こ」の子音の「K」を組み合わせても「カ」と聞こえる言葉になる。

> **Tips 〜音の魔術師が明かす㊙テクニック**
>
> ## 発声アドバイス「ん」の歌い方
>
> ここで歌唱法のアドバイスをひとつ。ボーカル録音では「ん」の音を発声するときに、唇を閉じないことだ。口をあけたままで「ん」を発音することで、明瞭度が上がる。
>
> 例えば、「頑張ろう」という歌詞があり「がん〜ばろう」と「ん」がロングトーンだった場合、普通に発音すれば「ん」では口が閉じることだろう。そこをあえて唇を閉じないで「が」で開けた口をそのまま開けたままで「ん〜」と歌うわけだ。口を閉じて「ん」を発声している音に比べて、明るく響く声になり、歌詞の明瞭度や音量感が全く違ってくる。生で聞いてもその違いはわかると思うが、レコーディングするとマイク乗りの差は歴然だ。口を閉じた「ん」の音は、ミックスでフェーダーを上げたりEQしても埋もれてしまうけれど、この手法で録音すれば聞き取りやすいので、ぜひ試してもらいたい。

3-4

作曲&アレンジと音作りの関係

　前節では、詞を意識した編集や音作りの手法を書いた。ここではさらに踏み込んで、ソング・ライティングの観点から歌詞を見直し、作曲およびキー（調性）との関係や、アレンジ（編曲）との関連についても触れてみたい。
　最終的に完成度の高いボーカルを作ったり、感動する楽曲を作るためには、サウンド・メイキングだけでは、どうすることもできない。音楽は総合芸術なのだ。

■アクセントやロング・トーンを意識して曲を作る

　完成形を想定できなければ、作業はできない。完成形をイメージする際は、まず**歌詞**の持つ、メッセージや言葉の意味を考えよう。曲作りという観点から考えた場合も、歌詞は重要だ。どうしたらメッセージが伝わるだろうか？　前節でも触れたが、例えば英語と日本語の例で比較をしてみよう。誰かがタバコをくわえたとき、「Don't smoke!」または「タバコを吸うな！」と言われたとする。前者では「Don't」と言われた時点で、すぐに言われた意図が分かる。ところが日本語の場合は、冒頭だけを聞いても「タバコを吸っても良いよ」とか「タバコをください」と言われるかもしれないわけで、最後まで聞かないと意味が理解できない。それが日本語の文法なのだ。
　これは、歌にすると大きな違いとなる。なぜなら、音楽のフレーズのアタマにはアクセントがあることが多く、そこで大事なことを歌えるのか、最後になってようやく伝えられるのかでは、結果が全く違ってくるからだ。そのために、倒置法で語順を入れ替えたり、繰り返すことで印象づけたり、あえてハッキリと言わずに感じ取らせる、一部に英語を用いるなど、様々なアプローチをすることになる。
　ここで大切なことは、**歌詞のもつ言葉の意味と、音としての響き、そしてメロディーとの組み合わせ**だ。それが悪いと、いくら歌っても伝わらず、どんなミックスをしても意味が聞き取れないことになる。

　それから、日本語の発音は、「ん」を除き、必ず母音で終わる。ロング・トーンを歌うとき、

3章 ボーカル・トラックを洗練させる

図1：同じ"ミミミファレ"のメロディーでも、伸ばす部分に、歌詞のどの音節を当てはめるかで歌いやすさ＝届きやすさが変わる。①の"いー"より、②の"あー"や、③の"さー"の方が伸ばしやすく、情感豊かなボーカルが期待できる。ちなみに②よりも③の方が"愛される"という受け身の言葉が持つメッセージが伝わりやすく感じる。

その母音を伸ばすことになる。「あ・い・う・え・お」のいずれかだ。一般的に「い段」のハイ・トーン＆ロング・トーンは歌いにくいものだ。響きとしても、決して綺麗ではない。例えば、「愛されて」という歌詞を「あいぃぃぃされて」という譜割りで「い」を伸ばして歌うのか、「あぁぁぁいされて」とか「あいさぁぁぁれて」と、「あ段」で伸ばすか否かによって、メッセージの伝わりやすさが変わってくるわけだ（**図1**）。メロディーやアレンジにもよるから、必ず「あ段」を伸ばせばいいわけではないが「い段」を伸ばすよりも歌いやすいことは確かだ。

　ヒット曲をコンスタントに書く作詞家さんは、こうした音の響きも考慮している。ここではあまり詳しく触れるとプロの秘密をバラすことになってしまうのだが、ボーカルが抜けてこない理由の1つには、メロディーと歌詞のマッチングが悪いことも多々あることを意識しよう。

3-4

■声のおいしい帯域と楽器で演奏しやすいキーを見つけろ！

次は、メロディーにフォーカスしてみよう。

印象的なメロディー、美しいメロディーが大切なことは分かっているが、レコーディングで大切なことは、まず**キー設定**だ。ボーカリストの声の一番おいしい帯域を使いたいからだ。楽に声が出せることがすべてではない。ちょっと高めの音を無理して頑張っていることが素敵なこともある。また、ファルセット・ボイス（裏声）をフレーズに合わせ使い分けるなど、キー設定によって聞こえ方が全く違ってくるので、とても重要だ。

アーティストやボーカリストごとに、安定して歌える音域や、レコーディングなら頑張って録音できる音域を把握しておこう。また、それはちょっとした訓練によって、変えられることも知っておいて欲しい。

その一方で、楽器にとって演奏しやすいキー／しにくいキーもある。例えば、ボーカリストのキーを考慮して、C Major（ハ長調）の曲を半音下げてC♭Major（変ハ長調）にしたとすると、調号に♭が7つ（あるいは、B Major＝ロ長調とするなら、♯が5つ）付くことになる。逆に半音上げて、C♯Major（嬰ハ長調）にすると、♯が7つ（あるいはD♭Major＝変ニ長調とするなら♭が5つ）となる（**図2**）。こうなると、ほとんどの弦楽

または

図2：例えば最低音が低過ぎて歌いづらいといった事情で、Cメジャー・キーの楽曲を半音上げると、C♯メジャー（またはD♭メジャー）となる。すべてが打ち込みなら特に問題はなさそうだが、生演奏となると譜面に♯が7つ付く、非常に演奏しづらいキーだ。できればもう半音上げてDメジャー（♯が2つ）にした方が、演奏しやすく、曲全体の響きも良くなる。

器では開放弦を使えなくなり、非常に演奏しにくいキーになり、ピッチも悪くなりがちだ。音楽そのものの響きが悪くなれば、いくら歌い易いキーであっても、結果的にボーカルだって映えなくなってしまう。

　それから、作品としてリリース後も、リスナーがコピーし難いキーだと、ヒット曲が生まれにくい。実際には、調性感の問題もあるので一概には言えないが、キー設定はカラオケのキー・コントロールとは訳が違うので、注意しよう。

■楽器がボーカルの邪魔をしないアレンジを

　次にアレンジについて。まずは**テンポ**だ。何気なく決めていることが多いようだが、実はテンポによって、メッセージの伝わり方はかなり違ってくる。もちろんリズム・パターンによっても感じ方が違うし、様々な要因が絡んでくるが、私がプロデュースを引き受ける際に、まず見直すのがテンポだ。最もシンプルなことだが、後になって変えるのは、ほぼ不可能に近いからだ。

　ボーカル曲に関しては、**ボーカルが活かされるアレンジがなされているかどうか**が重要。やたらとオケが厚く音を埋め過ぎていると、当然ボーカルが前に出にくくなる。シロタマ系のトラックが多過ぎることは、避けたいところだ。厚いオケの上に、強引にボーカルを乗せたミックスも出来なくはないが、立体的にボーカルを包み込むようなオケになっている方が、音楽的にもダイナミックに聞こえつつ、ボーカルもクリアに聞こえる。

　それから、ボーカルの重要なフレーズ（言葉）のタイミングに、リズムのビートが当たっていたり、なおかつ複数の楽器が、一斉に同じタイミングでアクセントを付けていたりすると、どうしてもボーカルが潜ってしまう**(図3)**。それから、ボーカル帯域の楽器やそれより音程の高い楽器が、ボーカルを邪魔しないようにすることも大切だ。パッド系コード楽器のトップ・ノートがボーカルを邪魔していても、歌が聞き取りにくい**(図4)**。例えば、ストリングス・ラインがボーカル・ラインを横切っていたりすると、弦アレンジとしてはカッコ良くても、歌の歌詞やメッセージは伝わりにくくなる。

3-4

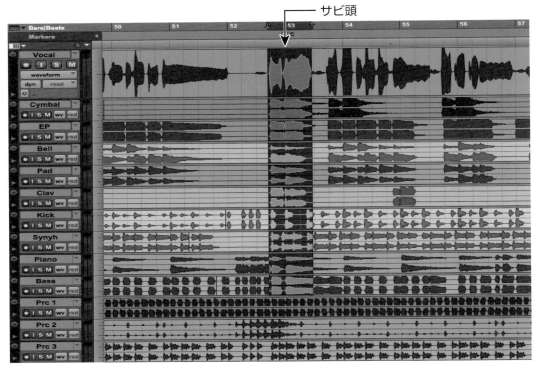

図3：一番上のトラックがボーカルで、その下が楽器群。中央辺りにある、選択されている部分がサビ頭だが、ボーカルの発音とほとんど同じタイミングで、続くシンバル、エレピ、ベル、パッドなどの各楽器が鳴っている。これでは**ボーカルが楽器の中に埋もれてしまいがち**なので、ミックスであれこれ悩むよりも、まずアレンジ上で整理してあげた方がよい。

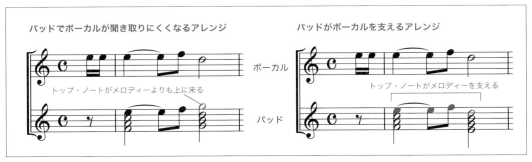

図4：パッドなど、空間を埋め尽くす効果があるパートで、そのトップ・ノート（一番音程の高い音）がボーカルの歌うメロディーより上に来てしまうと、ボーカルのメロディー・ラインが聞き取りづらくなる。もちろんアレンジは楽曲全体で考えるべきだが、メインとなるボーカルが伝わらなくなってしまうような組み立てはできるだけ避けたいところだ。

Column

音楽は総合芸術

　音楽は音の集まりであり、音は空気振動、すなわち物理現象である。実は音楽を追究していくと、音楽理論だけでは不十分で、物理学を追求することになる。そして作り出された振動が人の耳にどのように届いて、どう脳に作用して、それによってどのように感じるのかという心理学まで学ぶ必要があることに気付くだろう。

　また、歌詞のある楽曲をプロデュースするには、文学的な要素も必要になってくる。歌詞の世界は本当に奥が深い。場合によっては、言葉で勝負している小説などより、メロディーに乗せてメッセージを伝えるボーカルの方が、より強いパワーを持っていることもある。韻を踏んだ歌詞が、とても音楽的に素晴らしいこともある。

　そう考えると、俳句や短歌はリズムに乗って詠むメロディーのない音楽とも言える。まさに、日本古来のラップだ。

　音楽の世界は深遠で、歌詞が伴えばさらに広がってゆく。当然、聞くものに与える影響力も大きくなる。

　音楽は"音"を"楽しむ"と書くように、聞くときはそれだけでかまわないし、仮に作る側になったとしても、初めのうちは"楽しい"とか"好き"からスタートすれば良いだろう。だが、もし本格的に音作りやミックスをしようという志を持ったならば、何処かの段階で深く掘り下げて研究することなしに、良い作品を作ったり、多くの人を感動させる音楽が作れるようにはならない。そのために自分自身が努力してそうしたノウハウを手に入れるのか、あるいは知識やノウハウを持ったエンジニアやプロデューサーと組む必要性が出てくるだろう。

　経験や勘だけで仕事している大工さんの建てた家は、とりあえずは住みやすいかもしれないが、耐久性や安全性を持った家を建てるのであれば、本格的な建築学の知識が必要であり、そうした知識を持った人とプロジェクトを組むことが必須であるのと同じだ。

3-5

ボーカル・トラックのノイズ除去

　ボーカル編集やミックスダウンをしていると、ノイズに気付くことが多々あるだろう。プレイバックしていると「プチッ」とか「パチッ」という音が聞こえる場合、その多くは編集によって生じているものと、リップノイズだ。その対処法をお話しする。

■編集箇所のチェック

　まず、絶対的に多いのは、編集ポイントで波形がスムースにつながっていないために起こるノイズだ。リージョンのスタートやエンド、リージョンがつながっている部分のレベル・ジャンプをチェックしよう。無音からいきなり音が出ているときや、逆にいきなり無音になっているケース。また、異なった波形をつないだ時に、スムースにつながっていない場合に起こる（**図1**）。

　リージョンのスタートはフェード・イン（FI）、終わりはフェード・アウト（FO）、つながっている時は、クロス・フェードしておこう。ここで行うフェード操作は、あくまでもノイズを発生させないための操作なので、ごく短い時間で十分。音楽的に変化を感じさせるためのことではない。

　ほとんど無音に見える部分であっても、わずかなノイズ成分のせいで、いきなりリージョンが始まった瞬間がノイズになるので、リージョンのスタートとエンドには、必ずフェード・インとフェード・アウトを作るクセをつけよう。

　ノイズが聞こえたら直す…、気になった箇所から修正する…、ということでも構わないが、編集する時点ではじめから対処しておくことをお勧めする。

■別テイクを使うか否か

　テイクの中にノイズを聞き取ることがある。発音の悪さや、リップノイズなどが気になった場合、まずは別のテイクを検討し、差し替えられるトラックがあるなら最も簡単。

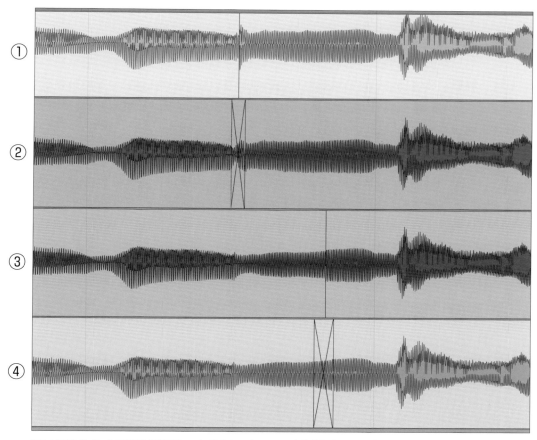

図1：編集ポイントで波形が綺麗につながらないと、ノイズが発生することが多い。歌詞の言葉の変わり目で編集することが多いが、異なった波形を強引につないでクロスフェードするのではなく、波形が滑らかに繋がるようにしよう。
①歌詞の変わりめで繋ぎがちだ。レベル変動があり、大きなノイズとなる。
②ノイズを消すためにクロスフェードしたとしても、決してナチュラルには聞こえない。
③逆に音が変化していないところ（波形の中に見える縞模様が一定の部分）を狙ってつないでおき……
④そこをクロスフェードする事で、フレーズが自然な編集となり、ノイズも発生しない。

安定したボーカリストであれば、そんなに問題はないだろう。とはいえ、ノイズさえなければ、ベストだと感じるテイクであるなら、後述するような様々な手法で、ノイズを除去することをお勧めする。

3-5

■綺麗なところを繰り返す

　さて、波形編集による、ノイズ除去方法を解説しよう。まず、主にロング・トーンで、ノイズが入っている部分の上に、ノイズのない綺麗な波形を貼り付ける方法。**図2**④の囲んだ箇所は、ノイズが発生している部分。ここを削除して詰めるか、ノイズのない部分をペーストすれば良い。つなぎ目は、クロスフェードすることをお忘れなく。このとき注意すべき点は、波の全体的な規則性を乱さないこと。いい加減につなぐと、いくらクロスフェードしても、そこでレベルや位相が不自然になり"いかにもつないだ"という感じに聴こえてしまう。

　ここでは、ノドの奥に発生したノイズを実際に見てみよう。以下は、ロング・トーンの一部を抜き出した波形だ。

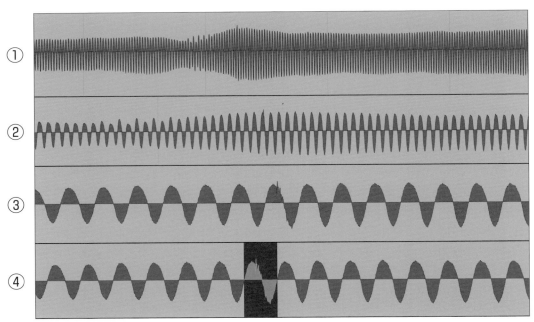

図2：①何もないように見えても、音の中にノイズが聞こえることがあるが、その波形を拡大してみると、③のようにノイズが混じっている。これは、ノドの奥で発生したノイズ。録音時にはノドを適度に潤すことで、こうした状況をできるだけ回避することも可能。正常な部分をコピーしてノイズ部分（色が反転している部分）にペーストすることで解消しよう（④）。つなぎ目は、最も大きい波の規則性を乱さないことが肝心。ずれていると、いくらクロスフェードしても不自然になり、つないでいることがモロバレになってしまう。

3章　ボーカル・トラックを洗練させる

■波形を手書きしてノイズを消す

　波形そのもののラインを書き換えることで消す方法もある。Pro Toolsなどでは、リージョンを拡大して、ペン・ツールなどを使いノイズ部分を直接書き換えるのも良いだろう。ただし、こうした場合、また別の倍音ひずみが発生することにもなりかねないので注意しよう（**図3**）。

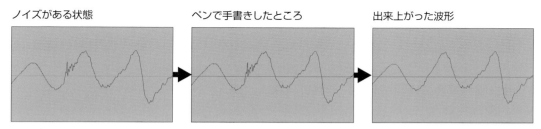

図3：波形をペン・ツールで書き換えることでノイズを消せる場合もある。別の問題が発生することもあるので、音に違和感が生じないか要注意。

■プラグインを使って消す

　プラグインを使ってノイズを消去する方法もある。消したいノイズの種類によって、その方法はかなり違ってくる。特に、ずっと聞こえている（混じっている）ノイズと、瞬間的に聞こえるノイズでは、アプローチが全く異なる。

　各社からノイズ対策のプラグインがリリースされているので、目的に合わせて使い分けよう。中でもiZotope／RXシリーズは非常に優秀で、ノイズをグラフィカルに目で見ながら対処できるので、非常に便利。バージョンが上がるごとに優れた機能を発揮していて頼もしい。

　他にも、混ざってしまっているハム・ノイズや、機材の残留ノイズを効果的に目立たなくしてくれるプラグインもあるので活用したい。

　なお、EQやコンプなどの音処理をすることで目立ってしまうノイズもあるが、この場合、処理してから加工するのか、加工したものを処理するのかは、ノイズの種類によって異なる。

3-5

　基本的には、先に処理しておくべきだが、目立つ部分に対してだけ加工するという考え方も成立するだろう。ソロにして単独で聞くと気になるけれど、オケに混ざった状態では気にならないケースも多いので、ノイズ除去の必要性や、処理する程度は、完成形を見据えて判断しよう。

　ただし、プロとして仕事をしている人は、ステム・ミックスなどを納品する必要があることも多く、全体で混ざったら聞こえないからとノイズを放置すると、あとで問題になるケースもあるので、その辺りの判断は微妙だ。完璧なノイズ除去を目指せば、倍音が失われディティールが損なわれることになりかねない。そのあたりの判断こそが、プロデューサーの仕事といえよう。

4章
ボーカルに対する
コンプ & EQ の使い方

4-1

ボーカル・トリートメントの3つの手法

　前章では、ボーカルを録り、編集するまでの工程を解説した。次は、出来上がったOKテイクの質を上げ装うことになる。とはいえ決して飾りたてるということではなく、すべてのボーカリストにとって必須な処理をしていく。これは、どんなに上手いボーカリストであっても必要だ。なぜなら、録音やPAされたことで、すでに生のボーカルではなくなってしまったわけで、加工されている。それがリスナーに届くまでに、さらに様々なプロセスを経ることを考えると、かなりの変化が予想される。それによって失われているものがあったり、本来の良さが伝わらず個性として活かされていない場合もあるわけだ。だからこそ、失ったものを補ったり、個性を強調して理想的なサウンドにする必要がある。

　そしてその先にある、歌や声を素材にアートとして創り上げることこそ、ボーカル録音の醍醐味なのだ！

■トリートメントすることの意味

　人がお風呂に入り顔を洗う。それはマナーだろう。では髪をセットしたり化粧をするのもマナーだろうか？　どこまでが必須なことで、どこからは好みの世界なのか……是非はともかく音楽の話に戻すと、聞き手に配慮してのマナーと言える領域から、より心地よく聞いてもらうために、身繕いをするかのように、最低限の加工テクニックは身につけたい。また、プロとして存在できる"個性"を伸ばすためにも、こうした技は、あなたに大きなチャンスをくれるに違いない。

　さて、実際に処理する際には、「何を」「どのように」加工するのかという、**目的意識**を明確に持って、そのツールの使い熟しを習得し、**論理的に**作業するべきだ。例えば、ボーカルがオケに埋もれて聞き取りにくい時、「レベルを上げる」べきなのか？　「ヌケの良い音色」にする必要があるのか？　「リズムにはまっていない」からなのか？　「ピッチが当たっていない」ことが原因なのか？　そうした見極めと、それに対処する術を持っていることが、大切なのだ。

　適当な方法論やいい加減な操作では、たまたまハマる時があるかもしれないが、確実

に良い音を作ることは難しい。またエフェクターのプリセットやボーカル用の複合プラグインに頼っているようでは、**個性の演出**は難しい。

では、ボーカルを加工するための基礎知識として、まず音を構成する要素を理解していこう。

■ "音楽"の3要素 と "音"の3要素

◎音楽の3要素

音楽を作る3つのエレメントがある。「**メロディー**」「**リズム**」「**ハーモニー**」だ。音が複数連なって音程が変化していくことでメロディーとなり、音が並ぶタイミングによってリズムが生まれる。そして音程の異なった音が同時に響くことでハーモニーができる。これを"音楽の3要素"と呼ぶ。

では次に、この3つを作り出している数多くの"音"、その1つ1つの要素に注目してみよう。

◎音の3要素

それぞれの音には「**音量**」「**音色**」「**音程**」の3つの要素がある。これらは、"音の3要素"と呼ばれている。音楽は沢山の音の組み合わせで成り立っているわけだが、その1つ1つの音に、音量、音色、音程[*1]があり、この3つの要素をもった沢山の音が複雑に絡み合うことで、メロディーやリズム、ハーモニーが生まれる。素晴らしい音楽はこれらが巧みに駆使されている。感動的なメロディーも、美しいハーモニーも、すべてこれらのコントロールによって生み出されており、それらが組み合わさって私たちに語りかけてくるのだ。その1つ1つが、ボーカル・エフェクトの対象となるファクターなのだ。

1.音量

ボーカルの音量は、他の楽器やトラックとの相対的なもの。フェーダーやHAでゲインは好きに増減可能だ。ところがレコーディングする場合やミキシングにおいては、そ

[*1] これに音の長さ「音長」を加え「音の4要素」と呼ぶこともある。3章で既に編集テクニックとして長さのコントロールについては解説済みなので、ここでは3要素とする。

4-1

こに様々な制約がある。

　まず録音においては、大き過ぎるとオーバー・レベルして歪んでしまうし、小さ過ぎるとノイズに埋もれたり原音のディテールは失われる。録音には、いわゆる"適正レベル"というものがある。

　一方、ミキシングでは、小さ過ぎると他の楽器に埋もれて、歌詞が聞き取れない。かといって大きくし過ぎると音楽的バランスではなくなり、妙にボーカルが大きいミックスとなってしまう。それに、全体としてオーバー・レベルすることにもなりかねない。

　こうした現象を回避しつつ、かつアーティスティックにレベルをコントロールできるかが課題となる。コントロールするには、ダイナミクス系エフェクターやフェーダーが活躍することになる。

2. 音色

　音色は、「オンショク」または「ネイロ」とも呼ばれ、音の質感を表しているわけだが、音量や音程と違って非常に幅広い要因から成り立っている。同じ音程でも、楽器が違えば全く違った音色となるように、音楽表現を一変させる。トランペットが、オーボエに変わると懐かしく聞こえたり、バイオリンになると、もの哀しげに聞こえたりする。

　一方、同じ楽器や音源であっても、「倍音」(*2)をコントロールすることで、柔らかい音になったり、音の抜けが良くなったりする。

　他にも、音の定位感や奥行き感、また存在感、広がり感も音色であり、そういった視聴空間に対する音処理もエフェクトの一種と言える。

3. 音程

　音程（＝ピッチ）は、音楽性を表す極めて重要な要素となっている。その変化がメロディーとなり、その音程の差によってハーモニーが生まれる。また、音程変化の微妙なニュアンスが表情を作り出し、ボーカリストの個性になる。

　スピーチやセリフでも、音程の変化は重要だが、ボーカルほど微妙ではない。音楽においては、他の楽器との関係もあり、周波数にして僅か1Hzの違いまでも追求する必要がある。

---

*2　倍音に関しては、後に続く章【→4-4参照】で詳しく解説している。演奏方法や録音方法、また録音機材などによっても、音色は変化する。最も変化しているのは、倍音構成や倍音の量だ。

歴史的に考えると、レコーディング黎明期には音程を自由にコントロールすることはできなかったのだが、今やプラグインや専用アプリで、自由に加工できる。音程が外れている音を正しい音程に直すことはもちろん、ボーカリストが発した音程を、ミキシングやライブ・ステージで異なったピッチに変えたり、ハーモニーを作ることも可能となった。ソロ・ボーカルのパートだけでなく、バック・トラックに対しても同様に音程を調整できるわけで、ミキシング段階でリハモし(*3)、コードを変更することも可能だ。

■録音の前後で6つのプロセス

音をコントロールする行為は、音楽を創り上げるすべてのプロセスで行われる。作曲からスタートして、ミックスダウンができるまで、すべての行程で音の3要素が関係し、常にそれと向き合っているわけだ。

特に近年では、ミキシング行程のウエイトが大きくなっている。ミキシングが音楽制作行程の中で最後の仕上げを司る作業であり、またテクノロジーの進化によって、最も自由かつ大胆にコントロールできるようになったからだ。特に先に述べたように、音程を自由に変えることが可能となったことが大きい。

では、録音という行為を境として、その前後の工程に分けて考えてみよう（**図1**）。録音前のコントロールとは、曲を作る時やアレンジする時、楽譜を書いたり、コンピューターのシーケンス・データを作ったりする時、また演奏家が楽器を演奏したり、ボーカリストが歌ったりする表現の仕方である。録音後のコントロールとは、エンジニアリングによるコントロール、すなわち録音後のミキシング作業である。物理的に捉えれば、オーディオが、デジタル・データになる前と後ということになる。

まず「音量」のコントロールだが、録音前なら作曲家が楽譜に「f」とか「pp」と書いたりクレッシェンド記号を書くことであり、また演奏家やボーカリストが実演で表現する強弱のことだ。一方、録音後のコントロールは、フェーダー操作やコンプレッサーなどでレベルやダイナミクスを変えることを指す。

「音色」は、録音の前段階では、作曲家が楽譜に楽器名を指定したり、シーケンスする

---

*3 リハモ＝リハーモナイゼーション、リハーモナイズの略。同じメロディーに対して、コード進行を変えることで、曲想を変えること。

4-1

音源制作の工程 音の3要素	作曲／演奏	録音	ミックス
音量	譜面上の記号や現場でのディレクションで演奏家に強弱を指示してコントロール		ミキサーのフェーダーやコンプレッサーでコントロール
音色	各パートの担当楽器やシーケンスを鳴らす音源の選択でコントロール		各種エフェクト（ひずみ系、空間系、モジュレーション系など）でコントロール
音程（ピッチ）	譜面のどの高さに音符を書くかでコントロール		ハーモナイザーやピッチ調整プラグインでコントロール

　　　　　　　↓　　　　　　　　　　　　　　　↓
　　ミュージシャン側の仕事　　　　　エンジニア側の仕事

図1：各工程でコントロールされる音の3要素。音の3要素である音量／音色／音程（ピッチ）は、作曲、演奏から録音、ミックスまでのあらゆる工程でコントロールされている。素晴らしい音楽を生み出すためには、**この3要素をいかに操るか**が重要だ。昨今はDAWシステムの進化により、ミックスの段階で3要素を大幅にコントロールできるようになった。

音源をセレクトしたり、実演家が演奏方法や声の出し方で実現するものだ。そして録音後では、EQや各種エフェクトで色付けしたりすることによって表現される。

「音程」は、録音前には、楽譜のどの高さに音符を書くかであり、演奏する楽器の運指ポジションや声の高さ（実際にはノドの形）で決まる。録音後は、ハーモナイザーやピッチ・コントロール・ツール（Antares／Auto-Tune、Waves／Waves Tune、Celemony／Melodyneなど）で音の高さを扱うことになる。【→5-1～2参照】

このように、**音量・音色・音程の3要素をコントロール**するにあたり、それぞれ録音前と後の行程に分けて考えて、**合計6つのプロセスでコントロール**されていることを認識しよう。音楽は、それらの相乗効果でより完成度が高くなる。

音楽を制作するということは、最終的な仕上がりを見越して、どの行程で、どのように、あるいはどのくらい作り上げるのかが鍵となる。その考え方や判断によって、演奏家やボー

カリストにどのようにサジェスチョンするかが決まってくる。例えば、ボーカリストがフォルテで歌ったものを、いくらフェーダーを下げても、ピアニシモで歌ったかのように聞こえさせることはできないので、ミキシング工程で微妙な音程の調整は行うとしても、録音前にやっておいた方が美しい。この例のように、**録音の前後の関係性は非常に重要**なのだ。

それから、録音前の段階では音の3要素は互いに絡んでいるので、個別にコントロールできるとは限らない。例えば生の楽器や声は、音量だけを単純に変えることは難しく、音量を変えることで、音色やエンベロープも変わってしまうし、音程（音域）によって音色はかなり違ったものになる。それに対して録音後の処理においては、3つの要素を、個別に的確にコントロールすることができるため自由度が増す。そのあたりのことも考慮して6つのプロセスを使いこなすことが大切だ。

Column

プロデューサーとしての判断

私は制作者としてプロジェクトを統括しているケースが多いので、この6つのプロセスのどの段階で対処すべきかを判断することがとても多い。

楽曲作りの段階で作編曲家にお願いすべきことなのか、あるいは演奏家やボーカリストに対して録音時に要望すべきなのか、それともレコーディング後の音処理で対応すべきなのか……それを常に考えながら、どの段階で作品や演奏にOKを出すのかを、的確に判断しながらレコーディングを進めるよう努めている。無駄な作業は、時間と制作費用を浪費するし、結果としても良い作品は望めない。

ここで一番大切なのは、完成度ばかり追い求めて、クリエイターやアーティストに対する肉体的負荷や心情への配慮を忘れてはならないということだ。

ボーカル楽曲では、キー設定はとても重要だと話した【→3-4参照】。作編曲家の好きな調性、演奏のしやすさ、ボーカリストの声域、時流を考慮したテンション感やヒット性など、複合的に判断して決める必要がある。そして一旦決めたら、今度は質を上げるための工夫だ。レコーディング行程でどこまで理想に近づけるのか、あるいは、どの時点から先のことを録音後の処理に委ねるのかという判断がとても重大だ。僅かのピッチやリズムまでこだわって、それを指摘し、リテイクをお願いしてテイクを重ねるのか……それとも表情やニュアンスを重視して、細かい音量のバラつきとかリズムやピッチの乱れなどは気にせず、ミックス時に修正することを前提にOKを出すのか……その判断が大切になってくる。それによって、ボーカル録音での判断基準は相当違ってくる。

もし、リズムやピッチの取り方に何らかの癖があった場合、それを個性的な表情とみなすのか

4-1

……はたまた、視点を変えて、将来的に行われるであろうライブも見据え、この機にその癖に気付いてもらったり、的確なアドバイスをしていくのか……。とても難しくて微妙な判断だ。

しかもそれを瞬時に決断しなければならない。心の迷いをボーカル・ブースに入って歌っているアーティストに悟られて、不安にさせてはいけないのだ。

ところで、こうしたディレクションは、**褒め殺しが基本**と考えよう。重箱の角を突くような指示をして細かな乱れを直しても、全体として素敵な音楽にはならない。褒めながら、何度かトライしてもらい、ある程度のところで見切りをつける必要もある。

その一方で、**ボーカリストの達成感**も極めて重要。本人は、まだ不満足なテイクしか録れていないと思っている段階で「素材として十分に使えるレベルでテイクが揃いました。後で直しておきますから…OKです!」と言ってレコーディングを終了されては、あまりにも達成感がなさ過ぎるし、次のレコーディングに向けての向上心も湧いてこない。だから、頑張れる範囲で最上のものを録音(=作品)として残す……という気概を持ちながら進めるべきだ。

また**レコーディングの現場は、実は最も実力が伸びる場所**だから【→Intro 1参照】、今録音したばかりのテイクを聞いてもらいながら、どこに課題があるのか、あるいはそれをどのようにしたら克服できるのかをアドバイスしたり、一緒に考えていく場でもある。結果として残った録音物がCDや配信でリリースされたりしているだけであって、実は一番大切なことは、そのプロセスだ。

テクノロジーの素晴らしいところは、人をサポートし、優しくなれることだと思う。しかしそれに頼りすぎて、努力を忘れ簡単にOKを出すことが本当の優しさとも限らない……。

アーティストのモチベーションを高め、さらに実力を伸ばせることこそ、プロデューサーとしての才覚が問われるところだろう。

4-2

4章　ボーカルに対するコンプ&EQの使い方

音量の補正とアート表現

　音の3要素の1つである「音量」に着目して、ボーカル・トラックを理想に近づける方法を考えてみよう。

　音量をコントロールするのは、2つの目的がある。まずは補正。自然に聞いてもらえるように、不要なレベル変動は補正しておくべきだ。

　それから、積極的な音楽作りのための音量調整だ。同じような作業だが目的は異なってくる。他のトラックとの音量バランスやアレンジとの関係が重要になり、ミキシングによる仕上げ工程に繋がっていく。

■ボリューム・オートメーションによる補正と表現

　ボーカルの音量をコントロールする目的は2つあると話した。

　1つは、不揃いな音量の補正。例えば、マイクと口の距離や角度が変化したことで生じた音量のバラつきを補正したり、テイクをつないだ際に生じた音量のバラつき、あるいは歌い方のアーティキュレーションによるレベル変動が不自然に聞こえる部分を補う場合だ。

　これらは、コンプ【→4-3参照】の前段で行うことが肝心。コンプを使えば全体的な音量のバラつきをならし、音圧を持ち上げることができるが、コンプの掛かり具合は入力レベルに依存しているからだ。意図しないレベル変動をなくしてからコンプに送り込もう。

　2つ目の目的として、積極的に音量をコントロールする場合は、オートメーションを活かそう。"特定の言葉だけを持ち上げる"ような場合だ。狙った言葉だけ大きく聞かせたり、目立ち過ぎる子音部分だけを小さくしたりといった細やかな調整が行える。バースやブリッジ、コーラスといったセクションごとに、"音量感"を設定することもできる。各セクションの歌い方やオケの存在感に合わせて、ボーカルの基準音量を決めておくと良いだろう。一般的に、音程が低いパートでは声量は小さく、高音域のフレーズになるに従って音量が増してくるのが普通。特に、ボーカリストにとっての最高音域あたりでは、かなり頑張って歌うことになるので、音量も上がりがちで、フェーダー・レベルを下げる必要があったり、逆にバースでは音程が比較的低いパートを優しく歌っているため、埋

4-2

もれがちなこともあるだろう。

　その一方で、どのパートも同じような音量感で聞こえるようでは、感動的な歌にはならない。また頑張って歌っている感じが、ボーカルの魅力だったりもする。人は、ちょっと無理して頑張っている姿を「美しい」と感じるものだ。それは、スポーツ選手が一生懸命闘っている姿に感動するのに似ている。その感じを音量以外の方法……例えばEQやリバーブで表現することも必要だ【→4-4参照】。

　特に映像の伴わないCDなどの録音物では姿が見えないわけだから、全く別の感性が必要になる。曲によっては必ずしも頑張っている声が感動を喚起するとは限らない。そこはアーティストやミックス領域のセンスなのだ。

　ところで、レベルを変えるだけなら、ゲイン・プラグインやフェーダーのオートメーショ

図1：ボーカル・トラックを、A、B、C、の3つトラックに割り振ってEQとコンプによる音処理を変えている。シーンによってディレイとリバーブのバスにセンドする量を変えられる。各ボーカル・トラックと、ディレイとリバーブのリターン・チャンネルが「＋Vo」というバスでまとめられ、ボーカル全体の音圧感をコントロールするためのダイナミクス処理をしてから、「＋＋＋Mix」というマスターバスに送られている。

178

ンでいいのだが、歌う音域に合わせて、コンプやEQをベストなセッティングにしたいので、敢えて2つか3つのトラックを作り、それぞれバース専用とか、コーラス専用のトラックを作ることをお勧めする。パートごとの聞こえ方の差をEQによって補正したい時も、こうしてトラックを分けておくことでシンプルに対応できる。

　それらのトラックと、ボーカル・トラックから送り出したディレイやリバーブのリターン・チャンネルを同じバスに送って、それを受ける1本のボーカル・マスターAUXトラックを作っておくと良いだろう（**図1**）。

　そうした全体的な音量感の調整をした上で、聞き取りにくい部分などがあれば、さらにピンポイントで持ち上げれば良いわけだ。

　また、子音のアクセントを生み出したり、耳障りな子音を抑えることも可能になる。例えば「サ」と歌われている箇所があったとしよう。その子音部分「S」が長く伸びて次の「A」につながっていると、Sが妙に目立ち過ぎることがある。そんな時、闇雲にディエッサーを掛けたりせず、「S」の長さを先の波形編集の方法で短くし、ボリューム・オートメーションで音量やカーブを調整することによって、子音にアクセントがあるように加工する。すると、さっきまでは冗長だった「サ」の歯切れが良くなり、タイトに聞かせることもできる。

　ロングトーンに対して、フェーダーでクレシェンド(*1)したり、逆にディミヌエンド(*2)したりと、音量による音楽表現の可能性は無限だ。

■マイクとの距離は極めて重要

　次に、ボーカリストとマイクの距離だが、ボーカリストがマイクへ近い方が生々しく太い音が録音できる。しかし、オン・マイクの場合は、マイクとの距離が変わるような動きをすると、僅かの差でも相当な音量差となって録音されてしまうので、そこは課題だ。

　かといって、ボーカリストが体を動かさずに固まって歌うことは、もっと良くない。このジレンマをどう対処するかが、仕上がりに大きく影響してくる。

　もっともレベル変動を少なく録音する簡単な方法は、ある程度（30cm以上）マイクと

---

*1　クレシェンド：本来はだんだん大きくという音楽用語だが、ここではフェーダーを次第に上げていくことで、音量を大きくしていくことを指している。

*2　ディミヌエンド：だんだん小さくという音楽用語で、今度はフェーダーを下げていくことで音量を小さくすることを示している。デクレシェンドは、クレシェンドの反対で同じ意味。

4-2

　口との距離を保って、残響のない部屋で録ることだが、それでは、求める音質が得られない。何故なら、音の広がり方が周波数によって異なるからだ。高音域は直進性が強いのに対して、低音は拡散しやすく、マイクとの距離が離れることで、高音寄りのエネルギー配分になっていくためだ。マイクとの距離によって音色はかなり変化するから、自分の好みの音が得られる距離を見つけよう。

　それがもしオン・マイクだったり、ある程度音量をセーブしてマイク近くで発声した音色が好みであるなら、歌うことで身体が揺れて、マイクとの距離や角度が動いてしまった録音を、いかに補正していくかが大切になる。

　好みの音色を得ることが、ファースト。そして音色が好みになったら、その音色を保てるようにマイクを使う。つまり距離や角度、あるいは、強さをコントロールするわけだ。【→2-2参照】の中で解説したように、ひずみなき録り音を得る手法を駆使して、音量のためにマイクとの距離を変えたりすることなく、また歪ませることなく録音し、音量のバラつきがあればそれを補正する。コンプを使用しているなら、設定したコンプのスレッショルド値に対して、敏感に反応してしまうので、コンプに送り込む前段階でレベル補正をしてあげるべきだ。そして最後に、音楽表現として積極的に音量をコントロールしていくわけだ（**図2**）【→4-3参照】。

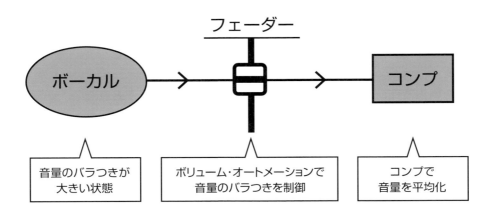

図2：オンマイクの場合、口とマイクの距離が少しでも変わると録り音の音量は大きく変化するので、録音後に音量を平均化する必要がある。しかし、そのままコンプへ入力すると音量の大きな部分には深くかかり、小さな部分にはほとんどかからず、コンプのかかり方がまばらになる。そこでボリューム・オートメーションを使い、あらかじめ音量の変化を小さなものにしておくと、コンプを綺麗にかけることができる。

コンプで得られる5つの効果

　音量をコントロールするのは、フェーダーばかりではない。自動的に調整してくれる便利なツールがある。それがコンプレッサー（略して、コンプとも言う）だ。
　コンプレッサーの機能を、改めて考えてみよう。コンプは、ダイナミック・レンジをコントロール、それも狭めることを目的としている。決して「音が良くなる」というものではない。「コンプで音を太くする」などという表現を耳にするが、なんとなく通すことで太くなるというようなものでもない。目的を明確に意識して使おう。

■コンプの用途

コンプの主な用途は、以下のようなものだ。

1）ピークをつぶす

　アタック音は、時として刺激が強すぎて、必ずしも心地よいとは言えない。アタックを適度に抑えることで、聞きやすい音、耳あたりの良い音にすることができる。

2）粒を揃え、レベルを均一化する

　ドラムやパーカッションによるリズム・キープやギターのカッティングのように、連続して同じような音が続く場合に、音量のムラが気になることがある。そのレベルを均一化することで、音の粒を揃える場合に使う。
　ボーカルやナレーションなどに掛けて、言葉がすべて聞き取れるようにする場合も同様。ただ、パーカッションとボーカルとの違いは、アタックに着目するか、平均的な音圧に着目するかの違いがある。また、突出して大きな音を抑えて小さい音に合わせることで粒を揃えるのがコンプだが、逆に小さすぎる音を大きな音に合わせることで、粒を揃えるという発想もできる。その場合は、コンプではなく、エキスパンダーを使用することになる。

3) アタックを強調する

　アタック・タイムをわざと遅めにして、一瞬アタック音が聞こえて直ぐに、あるいは一定の時間をおいてコンプで抑えるようなセッティングにすることで、アタックの立ち上がりだけでなく、立ち下がりにもアクセントを感じるようにできる。アタック感を強調したり、グルーヴ感を出す手法のひとつだ。

4) 余韻を持ち上げる

　リリースの小さい（短い）音の余韻を、大きく（長く）することにも使う。そのためには、一旦アタックで潰しておいて、それが戻ろうとする過程で、原音が減衰していくリリース・カーブと逆行するようなカーブに、ゲインが上がっていくように設定する。それにより、あたかも余韻が長くなったように聞こえさせることができる。例えば、ドラムのタムなどに有効な技だ。ここでもエキスパンダーを使用する方法もある。

5) 音圧を出す

　ひずませることなく、レベルを上げるために有効だ。人間の耳は、急峻なアタック音を音圧として感じにくい。だから、アタック以降のレベルを上げることで音圧感を感じさせるわけだ。しかし、極端なピークのある音を扱う場合、歪まないように録音／ミックスしようとすると、アタック部分以上に高いレベルでは作業できないことになる。そこで、そのピークを事前に抑えることで、音圧が稼げるわけだ。

　また、音が潰れる過程でアナログ回路の歪みに近いサチュレーションを与えることで、音にエッジが出ることにもつながる。

　大まかに、コンプを使う目的ごとに分類したが、**「掛けること＝波形を歪めること＝ひずませること」**であることを忘れないでほしい。優れたコンプレッサーは、いわゆるディストーション的な歪み感を伴うことなくダイナミクスをコントロールすることができるとはいえ、アタックを潰すことは、まさに歪みであり、本来の音ではなくなる。だから、とりあえずコンプを掛けることが正しい処理だとか、掛けることが基本であるとは思わないで欲しい。ある意味では、致し方なくコンプを掛けているのだ。もちろん、ギターのディストーションが敢えて歪ませることを目的として使用するように、コンプも強い波形圧縮によって、少々の歪みを承知で使う場合もある。それから前述のように、耳の特性上、

急峻なアタックは捉えにくいので、コンプによってピークを潰し、かつ余韻を持ち上げた方が、マイクが捉えたそのままの音で使うよりもイメージに近い音に聞こえたりすることもある。

　ここでは、コンプレッサー単体としての動作原理やパラメーターの説明（つまみの意味）は省くが、アナログのコンプレッサーでは、使われている電子回路による独特の掛かり具合がある。真空管、オプティカル、ソリッドステート、アナログ・テープなど様々だ。プラグインの多くが、それらをシュミレートしている。実機を知らなくても、代表的なエフェクターは、プラグインとしてよく見かけることだろう。DSPによって、オリジナルのアナログ機器を再現しているわけだが、古典的な回路として区別する必要はないだろう。つまり、オプティカルは○○に向いているとか、真空管タイプは○○な音だ…なんて固定観念で捉える必要はなく、自分自身で色々と試してみて、単に掛かり具合が好きか嫌いか、それがすべてなのだ。これは、楽器選びと同じことだと思う。メーカーや材質で決めるわけではなく、最終的には音と演奏性で決めるはずだ。プラグインだって同じことだ。

　ところでネット上には、不適当な情報や誤った認識で書かれたものが多すぎる。こうして出版物として数多くのプロフェッショナルの目を通った上で発売されているものと違って、誰の確認もなく、なんの検閲もされることなく、個人的に自由に書かれたものが、そのまま掲載されてしまっている。出版社などの企業が責任を持って世に送り出している貴重な情報と、個人の勝手な見解とは、天地の差があるのだ。そのことを十分に認識して、そうした情報に振り回されることなく、自分自身の耳で選んでほしい。

Column

ビンテージ機器考

　ビンテージ機器をシミュレートしたプラグインが人気だ。気に入った音のものがあれば、不安定な本物にこだわることなく積極的に使えばいいだろう。ただ、気をつけてもらいたいのは、"再現"することに意味を持たせすぎて、アナログ回路の素子ノイズや電源ノイズまで再現しているものもあるが、あまり意味はないと思う。デフォルトでそうした機能がオンになっているものがあり、予期せぬノイズ源になっていることがあるので注意しよう。

　また、プラグイン・ウインドウのデザインや色合いがビンテージっぽいことで選ばれていたり、

4-3

パネルやノブの質感がオリジナル機器に近いけれど、音は全く別モノのエフェクターも多い。要は、ビンテージ・ブームだから、売りやすさのために、デザインを変えただけというものも見受けられる。見た目に振り回されることなく、音で選んで欲しい。

そもそも、ビンテージ機器そのままが理想であるとも限らない。例えば、私はVintech-Audio／609CAというコンプレッサーを使っているが、これはNEVE／33609をシミュレートしたモデルだ。実は、オリジナルのNEVEも所有しているにもかかわらず、あえて609CAを使っている。それには大きな理由がある。609CAでは、NEVEには備わっていなかった、アタック・タイムのコントロールが可能になっているからだ。また、オリジナルがクラスA/B回路だったのに対してクラスAとなっており、サウンドもより好みの方向になっている。このように、単にコピーしたり再現するのではなく、良きところは取り込み、正統に進化している点が気に入っているわけだ。

ビンテージ機器に、なんともいえない魅力があることは確か。しかし、"本物"を手に入れることに、膨大な時間と費用を費やす必要はないだろう。最も困ることは、安定性だ。プロの道具としては、いつでも安心して使えることと、再現性の確かさが求められる。それでいえば、プラグインはすこぶる便利だ。パラメーターは完璧に再現されるからだ。

ところで、そのプラグインさえ、ビンテージの仲間入りしているものがある。Roger Nichols Digital (RND)／Dynam-izer（図A）は、ダイナミクス方向に4つのゾーンを持つ画期的なコンプレッサーで、周波数帯域で分割して動作するマルチ・バンド・コンプとは、全く違ったものだ。これ1つで、あらゆる音圧レベルを自由に出力できるものなのだが、今ではそれを使うためには、Pro Tools 9を使うしかなくなってしまった。

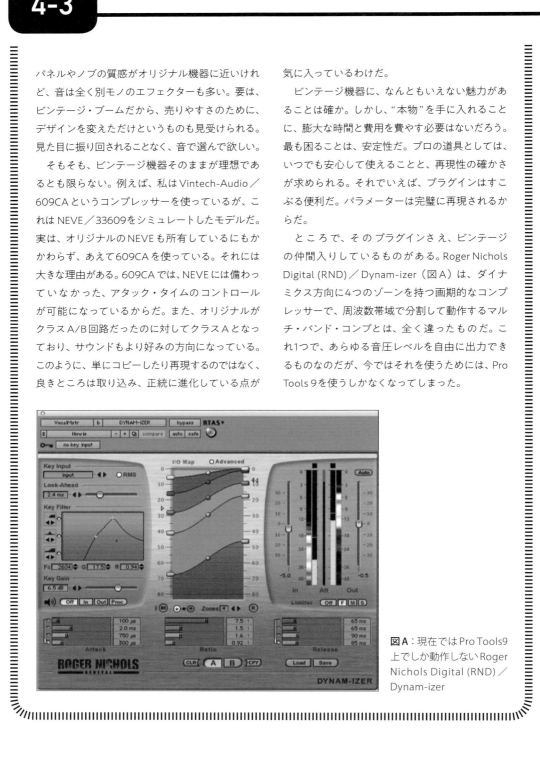

図A：現在ではPro Tools9上でしか動作しないRoger Nichols Digital (RND)／Dynam-izer

■歌にコンプを掛けるときの鉄則

　ボーカル録りで、マイクと口との距離が離れてしまったために、部分的にレベルが落ちていて、オケに埋もれて歌詞が聞き取りにくくなることがある。そんなとき、コンプやEQで音処理したあとのフェーダーをオートメーションしていないだろうか？　普通にミキサーを組めばそうなるはず。つまり、「コンプ＆EQ」→「フェーダー」という信号の流れだ。しかしマイクから離れたことで音圧が下がっているわけだから、コンプやEQを通した後でフェーダーでレベルを稼ぐのではなく、**コンプに送り込む前段階である程度レベルを補正しておく**べきだ。そうすることで、コンプのスレッショルドに対する掛かり具合も、他の箇所と同等に働き、音色が部分的に違って聞こえたり、アタック感が妙に目立ったりすることを避けられる。市販されているCDを聞いても、このセオリーを知らずにミックスしているものが非常に多い。

　コンプのスレッショルドは、録音レベルとの相関関係が深い。一方、録音レベルは、マイクとの距離と深い関係にある。ちなみに、マイクとの距離と音圧レベルは、距離の2乗に反比例する関係となっているので、距離が変わると音圧は想像以上に大きく変わる。とくに至近距離で歌う場合などは、ちょっと離れただけでも、大きなレベル変動になる。フェーダー・オートメーションを活用して、意図しないレベル変動を補正してからコンプに送り込むようにすることで、コンプによる音色変化が自然になる。コンプの後だと、レベルによって圧縮のされ方が大きく違うため、補正しても違和感が残ってしまうのだ。こうしたことからも、掛け録りはお勧めできない。ミキシング・バランスを取る前に、フェーダーでコンプの掛かり具合による音色補正をしておくことが大切。その上で、ミキシング・バランスを取るのがベターだ。

■セクションごとにコンプを用意

　ボーカルの音量は、曲の中で様々に変わる。一単語ごと、一音ごとにも変化する。例えば、歌い始めは穏やかに入ったかと思えば、サビなどで声量たっぷりに歌うこともあるだろう。それを均一なレベルにする必要などない。それから、同じ設定のコンプを掛けたなら、

4-3

元のレベルの違いが大きすぎて、掛かり具合が不自然になることだろう。だから、セクションごとに異なったコンプを使ったり、設定をオートメーションにして変えたりするのが望ましい。

　こうしたことはEQにも言える。楽曲のセクションごとにトラックを分け、それぞれにマッチした設定のコンプ＋EQがインサートされた専用トラックを作っておくと便利だ。

　例えば、コンプとEQをセットにして、複数のトラックを作って、Aセットはバース用、Bセットはブリッジ用、Cセットはコーラス用という感じだ。ボーカル・レベルは、その時々のバックトラックとのバランスがとても大事なので、こうしておくことで、ミックスの途中で、特定のセクションだけバックトラックのアレンジが変わるようなことがあっても、そのセクション用のコンプ／EQの設定だけを変更すれば良いので便利なのだ。

　また、そこで作った複数のトラックを一つのボーカル・バスに送り込むことで、最終的にボーカルの処理が容易になる。それらのトラックと、ボーカル・トラックから送り出したディレイやリバーブのリターンを同じバスに送って、それを受ける1本のボーカル・マスターAUXトラックを作っておくべきだ。リバーブのリターンがダイレクト音と同じバスになっていないと、バスにコンプを入れたり、フェーダーでミックスレベルを操作した場合、リバーブだけが変わらないために不自然な掛かり具合となってしまうので、注意したい。

■コンプの2段重ね

　ボーカル・トラックをより細かい単位で見ていくと、声が立ち上がる最初の部分（＝アタック）は音量が最も大きく、少し音量が下がって持続する部分（＝サスティーン）があり、最後は減衰している。また、あえて弱く歌われるピアニシモの部分もあることだろう。そのアタックをどのくらい効かせたい（強調したい）のか、逆に抑えたいのかによっても、コンプ処理は全く違ってくる。曲のジャンルや、バックトラックの楽器編成、歌詞が日本語か外国語かなどによっても、設定は大きく違ってくる。

　やりたいことが、並行して色々ある場合も多いことだろう。例えば、子音のアタックをコントロールしつつ母音のサスティーン・ノートを活かしたり、音圧感としてのデコボコを修正したり、言葉自体の持つ響きの違いを音量で補正したり、発声（あるいは滑

4章　ボーカルに対するコンプ＆EQの使い方

舌）の悪い部分を聞き取りやすくする……などなど。こうしたことを1つのダイナミクス・エフェクターで、一度にコントロールすることは難しいので、2つのエフェクターやプラグインを組み合わせることをお勧めする。アタック・コントロール用のコンプ・リミッターと、音圧確保や周波数制御のためにマルチ・バンド・コンプを組み合わせるのが効果的。はじめは薄めにボーカル・トラックのトリートメントを行い、後々ミックスに入ったら、

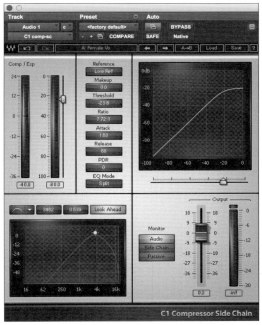

図1：コンプで操作できるパラメーターはモデルによって異なるが、基本は以下のようなもの。

◎**スレッショルド**…コンプが動作し始める音量を設定できる。入力音量がここで設定した値を超えると、コンプレッションされる。この値が低いほどコンプのかかる頻度が高くなる。

◎**レシオ**…原音に対して、どのくらいの比率でコンプレッションするかを設定する。"2：1"や"∞：1"といった値が表示され、左側の数値が小さいほどコンプレッションの度合いは浅くなる。

◎**リリース・タイム**…スレッショルドを下回ってから、解除されるまでの時間を調整できる。この値が小さいほどに、コンプのかかり具合は浅くなる。

◎**アタック・タイム**…入力した音がスレッショルドを超えてから、コンプレッションが始まるまでの時間を設定できる。この値が小さいほど、早い段階でコンプがかかり始める。

4-3

さらに掛け具合を調整することで、バックトラックとの親和性を保ちつつ、オケに埋もれないボーカル・エフェクト処理ができるようになる。そのためにも、まずはボーカル・トラック自体が健全であることが望ましいのだ。

> **Tips 〜音の魔術師が明かす㊙テクニック**
>
> ### "吐息"演出テクニック
>
> あまり一般的ではないが、私はエキスパンダーをボーカルに使うことがある。表現力のあるボーカリストは、語尾で力を抜き、最後に息を吐き出すように歌うことができる。終始力の入った声で歌うよりも、随所で力を抜くことでメリハリが付き、心に届くメッセージとなるからだ。そうした息遣いは、フレーズとしてのアーティキュレーションだけでなく、実は一音一音に含まれる貴重な音。しかしこの息遣いは、オケを背にすると埋もれて聞こえにくくなりがち。そこで、その息づかいを際立たせるためにエキスパンダーが効果的。吐息の余韻まで持ち上げられるため、ボーカリストの巧みさや表現力を活かしつつ、自然に存在感を強めることができるのだ。

4章　ボーカルに対するコンプ&EQの使い方

> **! Tips 〜音の魔術師が明かす㊙アドバイス**
>
> ## プラグインの動作を制御するタイムマシン・テクニック
>
> 　時間軸を遡ることは画期的なことで、それこそ魔術師にしかできないことだったはず。ところが、DAWでミキシングする際は、誰でもいつでも簡単にそれを手に入れることができる。
>
> 　例えば、コンプレッサーを使う場合。アタック・タイムが思ったようにコントロールできないことが多々ある。特にピークに対する応答性が悪いために、アタック・タイムを早くせざるを得ないが、そうするとサウンド的にはブリージング**(＊1)**が目立ってしまいがち。そこで、トラックを複製して、そのトラックのウェーブ・フォーム（波形）をほんの僅かだけ前にずらして、その音をコンプのキー・インに入れることで、アタック・タイムの追従性の悪さを克服できる。サウンドや機種にもよるが、動かす量は、0.1msec〜1msec程度のごく僅かのこと。
>
> 　これは、アナログの外部エフェクターや、アナログ機器をシミュレートしたプラグインで有効。
>
> 　一方、マキシマイザー系のプラグインでは、内部処理でこうしたことを実現し、完璧にアタックを抑えてくれるものもある。「Brick Wall Limiter（ブリック・ウォール・リミッター）」と呼ばれ、レンガの壁のように通さないという意味合いから名付けられている。しかしこれらは、出力を遅らせることで処理を間に合わせてピークを抑えているので、DAWシステムで遅延補正がなされていないと、遅れることになるので注意が必要だ。だが、タイムマシン・テクニックなら、補正が難しい環境でも実現可能だ。
>
> 　言うまでもないことだが、いずれにしてもこのテクニックは、レコーディングしている時ではなく、ミックスダウン時にのみ有効。

＊1　ブリージング：瞬間的なアタックでコンプが動作したことで、サウンド全体が一瞬息づいているように聞こえる現象。わかりやすい例えとしては、シンバルが伸びている時に、キックでコンプがかかると、シンバルの余韻が急に上下するような場合。逆に高音域のアタックで低音域の音にコンプが掛かると、押し付けられたような音になるため、"ポンピング"と呼ばれる。いずれも、不自然なコンプの代名詞で、本来はそれを感じさせてはならない。ただし、それを逆手に取ったら音作りがあっても面白い。コンプのキー・インを利用することで、簡単に作り出すことができる。

4-4

EQは、倍音関係を意識して使う

　さて、次はイコライザー（以下、EQと略す）。音の3要素の1つである「音色」をコントロールする最も有効なツールはEQだ。柔らかな音にしたり、ヌケの良い音にしたり、あるいは、太い音とかクリアーにする音など、音の質感を変えることができる。深くかけたり、極端な設定をすることで、人の声が別人に聞こえるくらい音の印象をかなり変えることもできる。

　しかし、適当にEQをいじっているだけでは、決していい音にはなることはない。歌詞が聞き取りやすくなることもないし、まして美しいミックスを作ることはできない。目的を明確に持って、その目的に対してコントロールできる知識を手に入れて、その上で愛情や情熱をもって取り組もう。これは、なにも音楽だけに限ったことではないはず。"情熱"だけの看病では、医療として病を治癒できるわけではないように、あるいは、机上の理論だけで人を癒すことができないように、知識と経験、そして心のバランスはとても大切だと思う。

■倍音を理解する

　EQを使いこなすには、まず「倍音」という概念を理解してもらいたい。声にも倍音があり、基本となる音程の上に、それよりも周波数の高いさまざまな倍音成分が含まれている。同じ音程を歌っても人によって声が違って聞こえるのは倍音構成が違うためで、それは声道の形状や質感などで決まってくる。

　その倍音構成は「**フォルマント**」と呼ばれる。フォルマントは、音程を決定づける成分である「基音」と、それよりも高い「倍音」から構成されている。倍音は基音の周波数の整数倍のもの、非整数倍のものとさまざまで、1つの基音に対して何種類も存在しているが、特定の倍音が強調されていたり、欠如していることによって、その人固有の声質が生み出されている。太い声、張りのある声、ハスキーな声、しゃがれた声、子供っぽい声など、ほんの一瞬聞いただけでも誰のものか分かるのは、この倍音構成が人によって異なるからだ。そしてそれこそが、**ボーカリストにとっても最大の武器であり最も大切な"個性"**

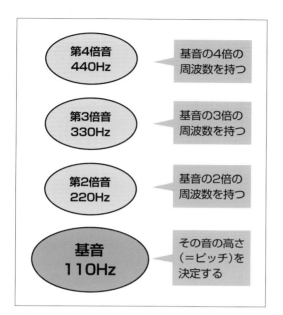

図1：EQをマスターするために知っておきたい"基音"と"倍音"の関係を図式化したもの。基音とはその音の高さを決定する要素で、これを軸に倍音が存在している。倍音には、基音の整数倍の周波数を持つものや非整数倍の周波数のものがある。

となる。また、フォルマントはその個性を保ちながらも、年齢とともに徐々に変化していく。声を聞いただけで、年齢が推測できるのはそれが理由だ。

　ここではわかりやすいように、ギターを例にして具体的に説明しよう。ギターの5弦の開放は「A（ラ）」の音で、その基音を周波数で表すと110Hzだが、実際には他の周波数も響いている（**図1**）。弦の弾き方やピックの種類によって音色が違って聞こえるのは、他に響いている周波数成分の割合が変わるためであり、それが倍音だ。EQによって高い周波数をコントロールすると音色が変化するのも、この倍音の分量が変わるからである。決して音程が変わるわけではない。

　1オクターブ上の倍音は基音の2倍の周波数で、2オクターブ上は4倍、完全5度上は1.5倍など、基音に対してシンプルな倍数関係のものもあれば、複雑な関係の非整数倍のものもあり、複雑に混ざり合っている。その混ざり具合で音色が決まる（**図2**）。すなわちフォルマントがそれぞれの声や音源に固有のものだから、全く同じ音程を歌っていても、誰の声かがわかるわけだ。実際には、倍音の含有率は時間経過でも変わる。それは一人一人異なる。例えば、声を発した瞬間は、すごく高い成分の倍音を含んでいるけれど、すぐになくなる人もいれば、ずっと倍音を含んだままの声の人もいる。いわゆるハスキーな声の人がそれに当たる。

4-4

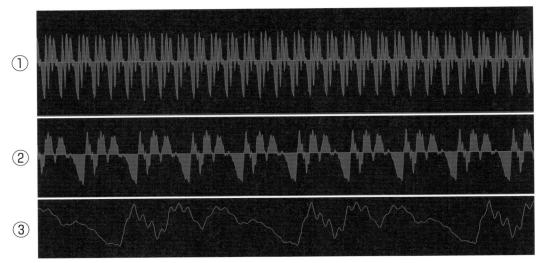

図2：波形で見る倍音構成。ボーカリストの声質とその個性は倍音構成で決まる。①の波形には、一定のパターンを見ることができる。これを拡大表示したのが②の波形で、3つの山がパターンとなって繰り返している。これは、基音の3倍の周波数の倍音で、基音が440Hzであるなら、1.32kHzの倍音となる。③はさらに拡大表示した波形で、②で見られた3倍音の山のそれぞれに、また3つの山があり、3.96kHzということになる。EQでそれらの倍音の含有比率を変えることができるので、倍数関係を考慮してEQすると効果的だ。一方、波形編集の際は、こうした倍音の規則性が乱れないよう作業することも重要。

　ボーカルの場合、倍音は母音よりも子音に多く含まれるし、歌い方（声量、音程、息の出し方、口の開け方など）によってもかなり変化する。やみくもなEQは、この倍音構成を大きく変更することになり、ボーカリストの個性を損なうことにもつながる。では、その**個性を保ちながらのEQ**とはどういったものなのだろうか？

　人の声の主な成分（基音）は、200Hz～4kHzくらいだが、電話の音声帯域がほぼその帯域なので、だいたいイメージが掴めるだろう(*1)。その範囲は補正程度のEQに留めて、それより上の倍音を活かして8k～16kHzあたりでヌケの良さや張りを出すのが良い。また、アタック感が足りなければ、1k～4kHzをちょっと上げたり、ふくよかさが足りない場合は、基音の下の方の300～400Hz辺りの帯域を持ち上げることもあるが、元の声質によっても全く変わるので、それぞれのボーカルに適した帯域を探そう。

---

*1　電話回線は、300Hz～3.4kHzと規定されている。ただし、昨今のケイタイは、50Hz～7kHz、さらには14kHzまでカバーしているものもある。

EQで子音を強調することで、歌詞を聞きとり易くすることもできるが、やり過ぎるとフォルマントが崩れてしまい、声の持つ個性をねじ曲げてしまうことにもなりかねない。

Column 🔍 個性を創り出す

ギターでは、エフェクターも込みでサウンドが作られ、それによって奏法が変わるように、ボーカルもEQなどの音処理も含めて、個性となることもある。強めのEQによって何らかの効果を狙うのであれば、それもアートだろう。

私は『黒石ひとみ／Angel Feather Voice』という作品をレコーディング＆プロデュースした際、ボーカルの倍音にかなり複雑なEQを施している。それにより、耳当たりの良さやサウンドとしての心地よさを演出したわけだ。このアーティストが普通に歌っている作品と聞き比べてもらえれば、全く違った加工をし、異なった効果を狙っていることが理解できるだろう。前者では、サウンド・イメージを重視し、作品としての個性を持たせ、後者は歌詞の持つメッセージを重要視している。今ではその"天使（Angel）の羽根（Feather）のような声（Voice）"が彼女の"個性"になり、ワールドワイドに評価されている。フランスでライブをした際には、その声の秘密を聞こうと、なんとスペインからインタビューに来てくれたほどだった。

こうした大胆なミックスを行うには、技術や知識ばかりでなく、アーティストやクライアントとの信頼関係もなくてはならない要素。**目的意識の統一が肝心**だ。

■周波数が固定であることを認識する

EQはその倍音構成をコントロールするものだが、基本的にその周波数は固定となる(*2)。従ってEQの大きな課題は、音程が変わってもそれに周波数を追従させられないことだ。実際の音楽では、音程は刻々と変化しているものがほとんど。つまり基音が変化している。そうなれば、その倍音も変化しているわけで、例えば、基音に対し、2倍の周波数の倍音を上げたいと思っても、EQの周波数ポイントは常に一定でフレーズに追従できないため、倍音構成の比率を変えたことにならない。理想的なイコライジング処理としては、音程

---

*2 シンセなどでは、音程に、EQの周波数設定を追従させる機能を持つものがある。"ピッチ・フォロワー"が可能なフィルターだ。実際には、鍵盤の動きに追従するため"キーボード・フォロワー"機能を持ったフィルターだ。フィルターとは、カットする方向で使うEQのこと。

4-4

変化に追従させたいところだがそれはできないわけだ。だから、ある音程やフレーズにはピッタリとはまるEQポイントが見つかったとしても、他のパートでは、心地よくないことも多い。フレーズに合わせてオートメーションによって周波数を移動させることができないわけではないが、ゆっくりと動く単旋律でなければ、追従するのは事実上不可能。ハーモニーや、メロが重なってくると完全に無理。

そこで、EQによる不自然さを避けるためには、一定の周波数ポイントだけを極端に上げたり（あるいは下げたり）せず、倍音関係を考慮して、少しずつ何ヶ所かに渡って増減させると良いだろう。例えば4kHzだけを極端に上下させるのではなく、8kHzとか、2kHzあたりも少しずつ変化させることで、歌う音程が変わっても自然なEQができる（**図3**）。

また、単体で美しい音に聞こえるようにするよりも、音楽の中で最も相応しいサウンドにすることが大切。ただただ倍音（高音域）を上げて、ぎらついた音にしても、けっしてヌケの良い音にはならないし、ベースのような低音楽器で特定の基音を上げても、フレーズによって音量が変わることになり、決して低音の効いたファットなサウンドになりはしない。**理論を無視して闇雲にEQしても、論理的に作られた設定を超える結果は生まれない。目的を持って的確に使うことが肝心だ。**

それから、コンプ【→4-3参照】でもお話ししたが、すべてのエフェクターやプラグイ

図3：DAWで一般的なEQ。HiとLoのフィルターと、HiとLoのシェルビングEQが、各2つずつと、3つのパラメトリックEQが1つになっている。この設定では中低域を持ち上げつつ耳障りな高域を落としている。また、倍音関係を意識した3ポイントを少しずつブーストしている。

ンは、通すことで音の質を落とす可能性があることを忘れないでほしい。それはEQにも同じことがいえる。どんなに優れた電子回路でもプラグインでも、通せば音が悪くなると考えよう。それを承知で、それでもなおかつ使いたい目的があるからこそインサートする……それが基本だ。

とはいえ、電子技術の発達により、音質劣化を無視できるほどになっていることも事実。だが、EQに頼った音作りをする前に、**基本的なアレンジを大切にする**ことを推奨する。それは、ギター演奏に例えるなら、エフェクターに頼った音作りをする前に、基本的な演奏テクニックを磨くことが肝心……ということだ。

■操作法のキモ

ここで、EQ操作の基本を確認しておこう。パラメトリックEQにせよグラフィックEQにせよ、もっとも肝心なことは、コントロールすべき周波数ポイントを見つけることだ。

グライコなら、用意されている周波数ごとのスライダーを順番に上下させ狙った倍音が反応するものを選ぶことになる。

その点では、パラメトリックEQは使いやすい。周波数をスイープできるからだ。Qをかなり高く（幅を細く）設定して、ゲインを実際より少し上げ目にする。そして周波数をスイープさせて、気になるポイントを探しだす。ここでは、実際に使用する時よりも極端に設定するとわかりやすい。欲しいポイントを見つける際だけでなく、落としたいポイントを見つけ出す場合でも、ゲインを上げて操作することで、嫌な帯域を見つけやすくなる。周波数ポイントが見つかったら、そこは固定したまま、Qとゲインを調整して、好みのかかり具合まで、落としていこう。

■ゲインを稼ぐ方向でばかり使わない

EQは、必要な倍音を持ち上げたり、あるいは不要な倍音をカットしたりするわけだが、私は常々、EQはカットすることを基本に使用することを提唱してきた。それは、コンプがアタックを押さえて圧縮することを基本として音作りしていることと同じで、不要な

4-4

倍音（場合によっては基音）を抑えることで、欲しい音が浮かび上がり、無理のない美しいＥＱ処理ができるからだ。逆に何処かを無理に上げても、位相ひずみも増えるので、決して素直なサウンドにはならない。それから、もっと派手に聞こえさせたいからといって特定の周波数を上げても、結局その周波数帯域がクリップ・ポイントに達してしまい、全体のレベルを下げざるを得なくなり、結果的に音がショボくなっている例をよく見かける。逆に、必要以上にピークのある倍音を抑えることでクリップ・マージンを大きく取れるようになるため、全体のレベルを稼げるようになる。結果的にレベルが上がって遙かに存在感のある音にすることができる。またそうすることで、コンプのスレッショルドが特定のピークに強く反応してしまう困った現象からも解放され、スムースなコンプレッション・サウンドが手に入るのだ。

■音量と音色の関係

　音量と音色には相関関係がある。一般的に、音量が上がると倍音が増える。楽器を優しく弾けば音量が小さくなるだけでなく、音色は柔らかくなる。逆に激しく弾けば、音色は硬くなったり明るくなる。ただし、強すぎると特定の倍音だけが特出してしまうことが多く、サウンドとしては決して美しくなくなり激しさが目立ってしまう。適度な強さによって、豊かな倍音を導き出すことが大切。**優れた演奏家は、楽器の最も良い響きを見つけ出す天才**でもある。例えば、初めて訪れたホールで、初めて触るピアノを演奏している時、暫く演奏するうちに次第に美しい音色になってくることがある。多くの人は、眠っていた（あまり弾かれていなかった）楽器が次第に鳴り出したと思うようだが、実は、そのピアニストがその楽器の最も美しく響くポイント（タッチ）を見つけ出したからなのだ。

　では声で考えてみよう。小さな声を出すときは比較的楽に出せるため、丸い滑らかな音になるけれど、大きな声を出そうとすると、どうしてもアタックが付いてしまい、特定の倍音を含んだ硬い音になってしまう。このような音量と音質の関係は、楽器と同じような傾向を示すので、自分の声ではわかりにくければ、ギターの弦やピアノの鍵盤、あるいは太鼓のようなパーカッションを優しく弾いたり強く弾いて録音し、それらの強弱が違うものを、ほぼ同じ音量に聞こえるようにレベル調整してプレイバックしてみればわかるだろう。大きな音の方が倍音が増える分、相対的に基音が小さく聞こえるため、

聴感上は細い音になることを実感してほしい。

改めて言う。**強い音は大きな音量で細い音。優しい音は小さい音量だけれど太い音なのだ**。生で聞くわけではなく、レコーディングやPAを通した場合は、音量はどれだけでも上げることができるので、音色を優先して、望むべきサウンドを発することが大切なのだ。

また、優しく歌った方が、幅広く豊かな倍音を含んでいるため、EQの掛かりが良くなる。また、特定の音程やフレーズがEQポイントにモロに影響されるという現象も避けられる。

Column

ボーカリストのダイナミクス・コントロール

とあるライブ・ハウスで、mp（メゾピアノ）で歌い出したボーカリストに惹きつけられたことがある。歌詞のメッセージも素晴らしく、思わず聴き入った。やがてブリッジ・パートでmf（メゾフォルテ）となり、サビで音量が増してf（フォルテ）になった。そして最後は、ff（フォルティシモ）まで盛り上がっていた。そして、短い間奏を挟みセカンド・コーラスに入りバースに戻ったとき、少し落としてはいたが、既にfだった。そしてサビになるとffで、サビの繰り返しでは声を張り上げた。比較的狭いライブ・ハウスは、彼の声で溢れ、PAオペレーターは慌ててボーカルのフェーダーを落としたようだった。

こうした光景は、非常によく見かける。もし彼が、2番でまたmpかmfまで落としていたり、あるいはサビになったからといって、ただただ大声を出すのではなく、私を惹きつけた時のmpとかmfの音色（肝心なことは音量ではなく音色）で歌ってくれていたなら、あの曲は、もっともっとリスナーの心を揺さぶったに違いない。

どうやら路上ライブ出身とのことで、大声を出して人を振り返らせなければ、聞いてさえもらえないのだろうが、心に届く歌の良さは、音量に比例するわけではない。ましてレコーディングや、PAが備わっているライブ会場では、叫ばなくても声は届く。**大切なことは、声の質感であったり、一生懸命に歌っている"ように聞こえる"歌い方**なのだ。

音量に関しては、表情をつけるために、**音量変化**が大切だ。絶対的な音量ではない。豊かに変化させるためには、最大音量を上げるばかりでなく、下を下げる、つまりp（ピアノ）とか、pp（ピアニシモ）を有効に使うことで、fやffが活きてくるのだ。

4-4

> **Tips 〜音の魔術師が明かす㊙テクニック**

自然な響きが得られるリバーブ・センド・テクニック

　応用編として、EQを、リバーブ送りにインサートする手法を紹介しよう。ボーカル・トラックをミックス・バスに送り込む際のEQと、リバーブ・センド・バスに送り込むEQとを別々に設定するのだ。いわばサイド・チェーンの一種と言える。基本的に、本線系のダイレクト音はエッジを効かせたEQで、リバーブ・センドには、不要なギラツキ感を押さえたEQを設定する。

　リバーブ自体に、EQ機能が内蔵されていたり、ハイダンプすることで、リバーブ音にイコライジングすることができるものも多いが、この手法が効果的なのは、リバーブへ送り込む前に、EQすることにある。そうすることで好みのリバーブ・サウンドを得ることできる。特に好みではない倍音のトゲトゲしさや、低音域のブーミーさを回避したいなら、リバーブが演算を始める前にそれをEQで抑えよう。リバーブで広がってしまってからEQするのではなく、広がる前に除去しておくわけだ。いわば「臭いものは元から絶たなきゃダメ」というわけだ。

　ボーカルの場合、1k〜4k辺りのアタック感を抑えてあげると、非常にスムースなリバーブ・サウンドが手に入る。また、150〜500Hzあたりを比較的鋭いQで抑えることで、低音のもたつき感やブーミーさを抑えることができる。

　実際のルーティングだが、ボーカル・トラック

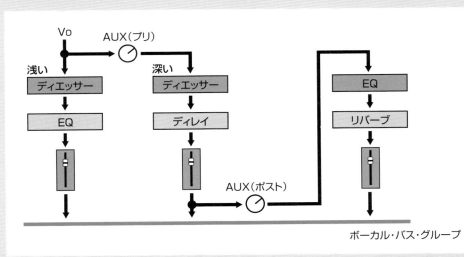

図A：ボーカル・トラックに対するリバーブ・センドの応用例。ボーカル・トラックには、ディエッサーとEQをインサートしている。そのエフェクトより前から、プリフェーダーでディレイに送られている。そこには、強い子音にかかるディレイ成分が目立たないように、強めのディエッサーを入れている。そのポスト・フェーダーから、リバーブに送り、そこには別にEQを入れて、不要な帯域がリバーブに送り込まれないようにしている。

4章 ボーカルに対するコンプ&EQの使い方

そのものにインサートしているEQの後から送るのか、前から送るのかという判断が必要になる。一般的にはEQの後でフェーダー後から送ることになる。そうすることで、好みのイメージにEQされた音から、さらに一部を加工してリバーブに送るわけだ。しかし、もし逆にリバーブにだけは、あえて特別な帯域（例えるなら、Strymon／blueSkyのshimmer的なサウンド）を強調したい場合は、メインEQの前でかつ、フェーダーの前から直接サイド・チェーンEQに送り込むことを推奨する。その理由は、大幅にEQするような場合は、他のエフェクターで既に加工されたものであったり、フェーダーでレベル変動が大きかったりすると、クリップしやすくなったり、ノイズが増えてしまうからだ。ただ、プリフェーダーであるということは、ボーカルのチャンネル・フェーダーを操作してもリバーブ・センド量は変わらないので、リバーブ・リターンのフェーダーをボーカル・チャンネル・フェーダーとグルーピングしておく必要があるだろう**(図A)**。

さらに、リバーブ・センド・バスに送り込む前に、EQだけでなく、コンプも別々に設定すると、さらに自然な残響を得ることができる。アタックに対するリバーブばかりが目立って「シャィ～ン」という嫌な響きが気になるような場合も、それを防ぐことができる。リバーブ・センドには、少々深めのコンプ処理をするといいだろう（スレッショルドではなく、レシオを深めにすると良い）。それから、ディエッサーや マルチ・バンド・コンプを インサートしたりもできる。その方がより効果的にリバーブ・サウンドをコントロール可能となる。

4-5

コンプ&EQの複合技

　何らかの目的に対して、1人だけで頑張らずに2人でやったほうが効果的なことがある。その2人の個性が違えば、その守備範囲も広がる。

　前節までをお読みいただくと、コンプとEQをセットで使うヒントがあったのだが、お気付きだろうか。単独で処理せずに組み合わせることで、より的確になるのだ。つまり、常にコンプが掛かるとか、一定にEQが掛かるのではなく、その双方の組み合わせで、目的に合ったサウンドが手に入るのだ。ここではコンプとEQを組み合わせて使うことで、無理なく目的に近づける手法をご紹介しよう。

■コンプとEQを組み合わせる

　音の大きさの変化を示す言葉として【ダイナミック・レンジ】(以下、Dレンジ)がある。小さな音から大きな音までの音量変化を指す。実際には、音量は時間とともに変化するので、時間軸を伴うDレンジとなる。音量はシンセサイザーなどでよく見かける、ADSR(アタック、ディケイ、サステイン、リリース)のような感覚で変化するので、それをコントロールするのがコンプだと言える。

　それに対して、音に含まれる周波数特性を示す言葉として【フリーケンシー・レンジ】(以下、Fレンジ)がある。ある音にどんな周波数がどのくらい含まれているのかという、"音域の広さや分布"を示している。それをコントロールするのがEQ。こちらも時間経過とともに刻々と変化している。

　音の大きさであるDレンジを縦軸、周波数であるFレンジを横軸としてグラフにすると、図1のようになる。それが時間軸に沿って、変化していく。絵を描くキャンバスに例えるなら、面積をフルに使って表現することで、より豊かな表現ができるように、コンプとEQを使いこなすことで、音のキャンバスをフルに使った表現が可能になるのだ。十分に使いこなさないと、まるで日本の国旗の赤丸の中だけで絵を描いているようなもので、真ん中の一部分しか使っていないことになる。アート表現として、狙ってナローな帯域

にしたり、ハード・コンプレッションされて塗りつぶしたようなサウンドにするのであれば、それも良いと思うが、意図せずにそうなってしまうことは、ぜひ避けたいところだ。

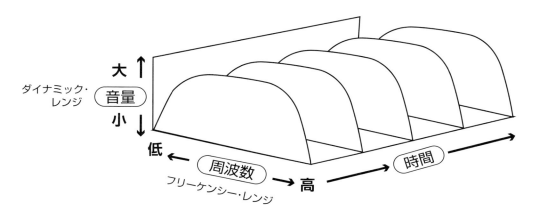

図1：コンプは音量を、EQは周波数を制御する。これはDレンジとFレンジを図式化したもの。"音量"はDレンジに関する要素で、"周波数"はFレンジに関連している。この図は、中域の出っ張った音が一定に鳴っている様子を描いている。

■コンプが先か？　EQが先か？

　コンプとEQ、その順番はどうだろう？　コンプが先の方が良いのか、EQが先の方が良いのかという問題は、非常によく聞かれる質問だ。その答えは、「コンプ前のEQとコンプ後のEQのダブルで攻める」が、正解！　目的によって、どちらのケースもあるからだ。
　コンプの前に入れるEQは、音の補正をすることが目的。例えば、ルーム・アコースティック（＝部屋の音響特性）の関係で、特定の周波数が響きすぎていたり、マイクの近接効果でローが膨み過ぎていたり、マイクが吹かれているなど、出っ張り成分を削るわけだ。その処理をしないでそのままコンプに送り込むことで、意図しないコンプレッションが掛かることを回避するのが目的。EQで整えた後で、コンプレッサーに送ることで、イメージ通りのコンプ処理ができる。
　そして、さらにコンプ後のEQへ送るわけだが、はじめのEQとコンプである程度補正された音を、次のEQで"積極的に音作りをする"ことが狙い。少々強めのEQをするのもいいだろう。すでに、ある程度は整理された音であれば、ある程度極端な設定をしても、

4-5

クリップしたり暴れたりしにくいはず。

　もし、コンプの前で極端なEQをしたなら、その周波数カーブにたまたま合ったピーク成分のせいで、意図しないコンプレッションが掛かるなどして、イメージした音が出せなくなる……なんてことになりかねない（**図2**）。

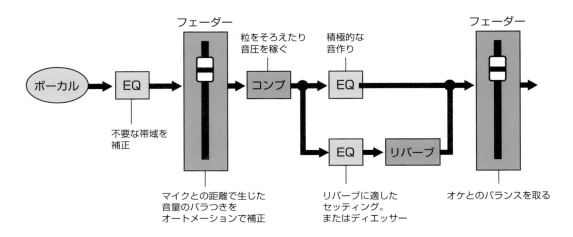

図2：音の魔術師のコンプ／EQルーティング術！　EQで不要な帯域をカットした後、ボリューム・オートメーションで音量のバラつきを整えると、コンプのかかり方が安定する。コンプレッションした後のEQでは積極的な音作りが可能だ。

■コンプのサイド・チェーンを活用する

　EQでフィルタリングした音をサイド・チェーンにキー・インすることで、特定の周波数に対してコンプレッションさせることができる。

　最も典型的な使用方法は、ディエッサーとして、ボーカルのシビランス(*1)を目立たなくするというもの。ディエッサー専用機としてのエフェクターやプラグインもあるとはいえ、好みのコンプを使い、そのサイド・チェーンに使い慣れたEQで処理をして送り込めば、自分の目的に合った音が得られるだろう。

＊1　シビランス：サ行の発音をする際、例えば「Sa」と言う時、「S」の音で、歯に息が当たる音で、日本語では「歯擦音」とも言う。

この手法は、あらゆる場面で応用できる。たとえば、低音がもたつく場合に、低音域が強調された音をキー・インするとか、アタックだけを抑えたい場合に、アタック音が目立つEQ処理をしてキー・インするなど。ただ、可能であれば、この後に紹介するマルチ・バンド・コンプやダイナミックEQとの併用をお勧めする【→4-6、4-7参照】。

一方、シンセ・ベースにコンプやインサートして、そこにキックの音をキー・インさせると、面白い効果が得られる。表情のない単調なベースでも、グルーヴを感じるようになり、キックのアタックが立つので、ミックス・バランスをさほど上げなくても、十分にビートを感じるようになる[*2]。本来は、ベースの重低音をキックが押し出すようなミックスが理想なのだが、帯状にアタックが潰れた波形になっているシンセ・ベースでは、逆にこうすることで表情が付き、音楽的にすることも可能となる。

■録音時の掛け録りに関して

ここからは、録音の段階でかけるコンプとEQについて考えてみよう。

私は、基本的に「掛け録り」(「付け録り」とも言う)を推奨しない。レコーディングする前段階で、(ADされる前のアナログ段で)コンプやリミッターによってDレンジを整理しておけば、大き過ぎる音で、クリップする心配もなく、小さい音がノイズに埋もれることもないだろう。そうすれば、高いSN比で録音することができるし、それもコンプレッサーの重要な機能であり、使用する目的として正しい使い方なのは確かだ。特にDレンジの狭いアナログのマルチ・トラック・レコーダーを使用していた時代は、必要不可欠なテクニックだったことだろう。しかし、昨今のレコーディング機器はSN比が良いので、たとえ後からDレンジを変えても、十分に耐えられる。だから、できるだけそのままの状態で録音しておき、ミックスダウンで処理することをお勧めする。

しかし、Dレンジが広すぎて適当な範囲に収まりきらない場合は、最低限のコンプ処理をしよう。例えばフォルティシモをピーク・マージン内に収めようとすると、ピアニシモがノイズに埋もれてしまう場合とか、演奏によるダイナミクスが予想できず、オーバー・レベルする可能性がある場合などがそうだ。

[*2] コンプではなくエキスパンダーにすることで、キックのアタックでベースのアタック感を強調することも可能。全ては、ボーカルを引き立てるためのことであることを、忘れないようにしたい。

4-5

　また、コンプを掛け録りするのであれば、コンプを通す前に不要な成分をカットする処理も必要となる場合がある。例えば、吹かれに対するロー・カットだ。吹かれたことで、強いコンプレッションが掛かってしまうと、それを後で補正することは困難なためだ。

　こうしたことはEQに関しても同じで、基本的にレコーディング前の段階ではEQせず、モニター側でEQすべきだ。しかし、低いレベルで録音されたトラックに対して、ミックスダウンでハイ・エンドを大幅に上げるEQをすると、録音機材のSN比が悪い場合は、ノイズも一緒に上がってきてしまう。特に高音域のノイズは、「シャー」という音で耳障りなので、そうした可能性が高い場合は、録音前に上げておけば、それ以降の機材のノイズ・レベルがそこそこあっても、さほど支障にならずに済むので、そうしたケースでは、事前にノイズ成分と同じ帯域をある程度上げておくのも一案だ。

　それから、他に掛け録りをする必要があるとすれば、アナログのアウト・ボードを使う場合だろう。台数に限りがあり、ミックスダウンの段階になってから、複数のチャンネルにインサートすることが不可能な場合は、録音段階で掛けておけば、台数の制限なく使用が可能となることだろう。しかし、一旦書き出したりピンポン[*3]したりして新たなトラックとしてプリント[*4]すれば、アナログ・エフェクターなどの貴重なものでも、事実上何台分もの使用が可能だ。

　また一方で、アナログ機器を多用する場合は、そのセッティングを保存して再現することが簡単ではないため、ダビングなどで立ち上げる度に、EQやコンプの設定を戻してあげなければならない。掛け録りすることで音声そのものを加工して録音しておけば、再現がしやすいという面もあるだろう。

[*3] ピンポン：音声を混ぜたり、加工したりして、別のトラックに録音すること。卓球で球を交互に打ち返すように、音を2つのトラックで受け渡しするわけだ。もちろん、その過程で、音をエフェクトしたり、他の音を混ぜることになる。ドラム、ストリング、BGVのようにトラック数が多い時、DAWの負担を減らしたり、操作性を良くする目的で、1つのトラックにミキシングしておくこともある。

[*4] プリント：他のトラックに録音することを、英語ではプリントと言う。アウト・ボードのアナログ・エフェクターを使った場合などは、再現性が悪くなるので、DAWのオーディオ・トラックに録音しておくと便利だ。そのような作業を「エフェクト・プリント」すると言う。

いずれにしても、昨今のDAWでは、音声トラックとエフェクトはセットで再現されるので、再現性という観点では掛け録りする必要は全くない。録音はできるだけ何も通さずダイレクトに録り、モニター系にエフェクター（プラグイン）をインサートしてエフェクトした音をモニターすることが基本だ。ノー・エフェクトで生々しく録っておいて、ミックスダウンで丁寧に時間を掛けてコンプやEQ処理をすればいいのだ。プラグインは、レイテンシーも気になるところだが、ミックスダウンであれば遅延補正もできるので、凝ったエフェクトもDSPのディレイを気にせず行うことが可能となる。

掛け録りを推奨しない理由がもう1つある。各トラックの音色は、他の楽器との絡みで決定すべきものであって、決してトラックごとに独立して考えるべきではないためだ。掛け録りしていた場合は、その時はベストだと思ったとしても、ミックスダウンで他の楽器の音が変わっていくと、また処理したくなる可能性が高く、二重に加工することになり、鮮度を失ってしまうので、それを避ける意味もある。

例えば、キックとベースは、それぞれにヘビーな音に作ればいいわけではない。2つが合わさった状態で最も効果的に働くように音作りすることで、音楽が引き立つ。キックもベースも共にロー・ブーストすれば、オケ全体がブーミーになったり、低域成分のエネルギーで溢れすぎて、そこでトータル・リミッターに掛かってしまい、結局全体の音圧が出せなくなるだけだ。だから、ミックスの段階で、全体の中での役割や他のトラックとの絡みを考えながらコンプやEQ処理を行う方が、遙かに素晴らしいミックスができるのだ。

ここで課題としているボーカルに関しても、オケの中にボーカルの居場所を作るには、最終的なサウンド・バランスができないと、ベストなEQは決まらない。こうした理由から、私は掛け録りではなく、ミックスでのEQをお勧めしている。

■モニター上のコンプ & EQ で歌は決まる

掛け録りはせず、ミックスダウンで音作りするからといって、録音時にコンプやEQをしないということではない。ボーカル録音では、モニターしやすいように、あるいは

気持ちよく歌えるように音作りをしてボーカリストに返してあげることも大切だ。ただその場合は、仮に音作りしているに過ぎないので、モニターするのに最適な音質にすればよいわけだ。そんなケースでは、アウト・ボードのアナログ・エフェクターもお薦め。プラグインと違って、レイテンシーがないので、演奏家のヘッドフォンへのモニターには最適だ。

　特にプロの現場では、コンプやEQのプラグインによるレイテンシーだけでなく、ADやDAのほか、ライブ・レコーディングでは、ワイヤレス・マイクや、ワイヤレス・イヤモニによるレイテンシーも加わってくるので、少しでも遅延を減らす工夫をする必要がある。例えば、ワイヤレス・マイクは音質を重視して、少々のレイテンシーを覚悟でデジタル・ワイヤレスを採用するにしても、ワイヤレス・イヤモニは、少しでも遅延の少ないアナログ・タイプをあえて使用して、レイテンシーを増やさないようにしたりしている。だから、レイテンシーが気になる場合は、迷わずアナログ機器を使用しよう。とくにコンプ／リミッター系には、敢えて処理を遅らせることで、アタックに遅れずに処理できるようにしているプラグインも多い。それらは録音やライブでのモニターには使えないので、注意してほしい。

■ロー・カットの注意点

　コンプ前に整理しておくEQの代表として、マイクの吹かれや、サブソニック・ノイズがある。ボーカル録りやナレーション録りで、マイクが吹かれた場合、それをEQでロー・カットすれば、目立たなくなることは確か。しかし、そもそも根本的にマイクが吹かれないようにすることが大切。まず、マイクを立てる位置や角度。それから、ポップ・ノイズ・フィルターで吹かれを物理的に遮断することも、時には大切だ。

　それから、実際に発しているか否かにかかわらず、低音域をカットすることを、私はお勧めしない。それは、サブソニック・フィルターとして、無条件にロー・カットすることも同じで、空気感をカットすることになり、存在感が失われるからだ。ボーカル・マイクに、吹かれが気になるということで、例えば女性ボーカルなら100Hz以下はないはずなのだからと、大胆なロー・カットを入れたなら、本来は鳴っているはずの空気感としての低音が、なくなってしまうことになる。それが存在感で、気配のようなものとも

言える。もちろん、ローカット・フィルターに頼らないためには、不要な低域成分（例えば、電源のハム・ノイズや、モーターなどの振動音など）は元から絶っておく必要がある。

　また、ボーカリストが自ら、マイクを吹いてしまったことを自覚してもらう意味でも重要だ【→2-1参照】。

4-6

マルチ・バンド・コンプのすゝめ

　私が最もお薦めしたい、ボーカルに最適なコンプレッサーは、マルチ・バンド・コンプレッサー（略してマルチ・バンド・コンプともいう）だ。マルチ・バンド・コンプは、EQ機能をも併せ持った究極のコンプレッサーといえる。「コンプが先か？　EQが先か？」という質問に対する答えとして、「コンプ前のEQとコンプ後のEQのダブルで攻める」が、ベターなら、究極の答えは「どちらを先にするよりもマルチ・バンド・コンプがベスト」と言える。

■マルチ・バンド・コンプレッサーとは？

　可聴帯域を複数の帯域（3～8、多いものでは16の周波数帯域）に分割し、帯域ごとに別々のコンプレッサー処理をして、それをミックスして出力している。言わば、グライコのスライダーが入力ソースに反応して、自動的に上下するようなものだ。そのため、一部のピークのために、全帯域にコンプが掛かることがない。普通のコンプでは特定のピークに反応してすべての帯域がコンプレッションされてしまうため、いわゆるブリージングが目立ったり、強いコンプレッションにするとポンピング感でオリジナルのディテールを崩しがちだが、マルチ・バンド・コンプなら、非常にナチュラルな掛かり具合が得られる。マルチ・バンド・コンプには各帯域ごとに、各パラメーターを異なった設定にできるので、より目的に合った設定が可能で、狙った音が作りやすい。

　音の立ち上がりスピードは周波数に応じて異なるので、アタック・タイムやディケイ・タイムを帯域ごとに変えてセッティングが可能なのは、非常に理にかなっている。例えば、低音のディケイ・タイムを長めにすることで、コンプによってエネルギー感を失うことがなくなる。

　さらにマルチ・バンド・コンプでは、帯域ごとのレベルを調整できるので、いわば分割した帯域の数だけ（4分割なら4バンド）のマルチ・バンド・イコライザーとしての機能を持っていることになり、ザックリだがEQとしての音づくりも可能となっている。

4章 ボーカルに対するコンプ&EQの使い方

また、分割する周波数ポイントを変更できるタイプが多いので、目的に応じてパラメーターを追い込むことで、よりベストなコンプが構築できる。例えば、楽器や部屋の特性で、特定の周波数だけが膨らむことがあるが、その周波数帯域に対して、周波数幅を狭くしてピンポイントで狙えば、全体はそのままに、その瞬間だけ、その帯域だけに、的確にコンプレッションすることもできる。

以下の図では、時間軸の真ん中あたりのタイミングに、低音域に不要な出っ張り（点線部分）があるので、それをEQ、コンプ、マルチバンド・コンプの3つの手法でコントロールしている。二重のラインは、処理後の状態。

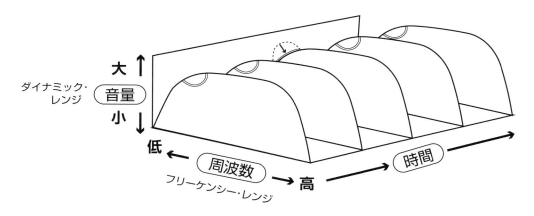

図1：気になる低域をEQでカットすると、その帯域の音量が常に下がることになるので、全体的には低音が物足りないサウンドになってしまう。

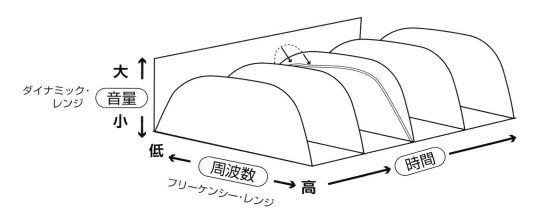

図2：出っ張った低域をコンプで処理すれば、その瞬間、低域とともに全体の音量が下がってしまう。

4-6

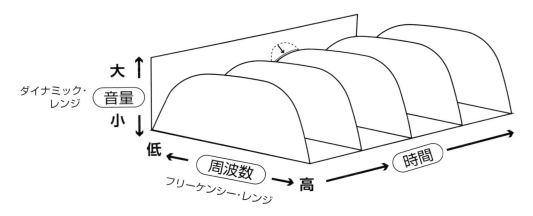

図3：マルチ・バンド・コンプを使用すると、狙った帯域に対して、そのタイミングだけ、ピンポイントで抑えることができる。

■ボーカル・トラックにインサートする

　マルチ・バンド・コンプは、帯域ごとにレベルを可変できるので、EQとしての機能も兼ね備えている。しかもそのEQは、常に一定ではなく、レベルによってゲインが変わることになるから、そこがオイシイのだ。

　では、ボーカル・トラックにインサートするケースを考えてみよう。10kHz以上の高い周波数をシェルビングEQとして、少しだけ上げることで輝きのある声になり、ヌケを良くすることができる。だだし、上げすぎるとハスキーになるので、少し（数dB程度）でいいだろう。しかし常にそのままだと「サ行」の歌詞ではシビランス音が耳障りになってしまう。そこで、マルチ・バンド・コンプのスレッショルドを適度に設定しておくことで、シビランス音の時だけは抑えてくれる。

　また、数kHzをピーキングで上げておく事で、エッジが付き、アタック感を演出することができる。しかし、「タ行」「パ行」などでは、アタック音が目立ち過ぎることもある。しかし、これもマルチバンド・コンプのスレッショルドを調整することで、タ行などの破裂音の時だけは、抑えることができる。この時は、アタック・タイムとリリースタイムは早くした方がベターだ。

　どうだろう、EQとコンプの組み合わせでは不可能な微妙な音作りが可能であること

をご理解いただけただろうか、私が、ボーカルにマルチ・バンド・コンプをオススメする理由を……。

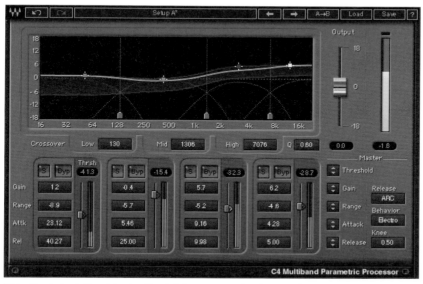

図4：ボーカル・トラックにインサートした、マルチ・バンド・コンプの設定例。私が多用するマルチ・バンド・コンプは、Waves／C4とC6だ。各バンドをどこに割り当てるかが鍵だ。

Lo ：音の太さを演出させながらも、吹かれた時やローが出すぎた時には抑えてくれる。
LM ：400Hzあたりの中音域のパワー感をアップさせたり、逆に少し抑えたりする。
HM ：3k〜4kHzのアタック感を出しつつ、ディエッサー効果を兼ね備える。
Hi ：12k〜16kHzあたりの倍音をプラスさせつつ、不要な倍音が入った時には抑える。

■ボーカル・バス・マスター

　ボーカル・トラックと、そのリバーブなどのリターンをまとめた、ボーカル・バス・マスターにもマルチ・バンド・コンプが効果的だ。ボーカル・トラックに例えばWaves／C4（**図4**）またはC6をインサートしていたとしても、さらにボーカル・バス・マスターに別のタイプのマルチ・バンド・コンプ……例えば、McDSP／ML4000をインサートすることで、リバーブ感も含めた演出と音圧調整を行うことができる。エキスパンダーを駆使することで、音圧感が下がるパートでもリッチな感じにすることができたり、強めに掛けることで息遣いや吐息を強調することも可能だ。

ML4000はマルチ・バンド・コンプとしてはもちろん、エキスパンダーやゲートまでマルチ・バンドでコントロールできるため、ノイズを目立たせることなくソフトに歌ったパートや息遣いを聞こえるようにすることができる。最終段にはブリック・ウォール・リミッターを入れられるので、フォルティシモでもオーバー・レベルすることのない、ボーカル・トラックが作り出せる。

トータル・リミッターにボーカルのピークが強く引っかかるとサウンド全体のバランスが崩れ、バック・トラックのリズムがブリージングしたりしがちだが、ボーカル・バスで、ピークを一旦整えておくことで、トータル・コンプを強目にかけても、ナチュラルかつボーカルが埋もれないミックスをすることが可能となる。

■トータル・コンプ

ところで、マルチ・バンド・コンプは、放送局の送出用として発達してきた経緯がある。突然のピークにも歪まず、レベルが低くてもノイズに埋もれることなく聞き取りやすくするために必要不可欠だったのだ。初期はアナログ機器だったが、最近のマルチ・バンド・コンプはプラグイン化され、DSP処理によって深く掛けても違和感がなく、かつ十分な音圧を保ってくれる。

私は以前、日曜夜10時から『伊藤圭一のサウンド・クオリア』という番組のパーソナリティーを1年間ほど担当していたが、送出の最終アウトには8分割のマルチ・バンド・コンプを入れており、リズムのある音楽の合間に静かにお話ししても、両方とも心地よく聞けるように設定していた。

そうした、最終アウトにもマルチ・バンド・コンプは最適なのだが、強めにかけても歪んだりせず、違和感なく音圧が上げられるとあって、CDマスタリングなどでは音圧競争のためのツールとなっており、マキシマイザーのようにしか使われていないのは、とても残念だ。相当深くかけても歪みはしないので、潰しすぎないよう注意して使ってほしい。

トータル・コンプやマスタリングに向いたプラグインも多数リリースされているので、紹介しておこう。例えば、トータル・コンプに最適なプラグインの1つ、Waves／L3-16 Multi maximizer。同社が生み出したL1とL2は、簡単に音圧を稼げるツールとして大ヒットしたが、それを16バンドにマルチ・バンド化したピークリミッター＆レベル・

マキシマイザー。L3には、他にもL3 Multimaximizer、L3 Ultramaximizer、L3-LL Multimaximizer、L3-LL Ultramaximizerがあり、LLはローレイテンシーで、L3-16ではレイテンシーが大き過ぎる場合にも重宝する。

4-7

ダイナミックEQの活用

　ダイナミック・イコライザー（略して、ダイナミックEQ。別の呼称としてアクティブEQ）を解説しておこう。コンプレッサーの究極がマルチ・バンド・コンプであるなら、EQの理想的なスタイルがダイナミックEQと言えるかもしれない。
　ダイナミックEQとマルチ・バンド・コンプの動作原理は類似しており、その使い分けの判断は微妙だ。グラフィックの分かりやすさや操作性が重要だ。

■音の変化に追従するEQ

　音楽は、歌や演奏の強弱が表現力となり、それに伴い音色も変化する。倍音の量も変化する。強拍時の音と弱拍の時、あるいは、フォルテで歌った時とピアニシモで歌った時、音量だけでなく倍音の量は大きく変化している。さてそうなると、EQするにしても、それぞれに適切な設定は異なってくるわけだ。強い音に適切なEQと、弱い音に対する理想的なEQは、かなり違うことになる。単純なビートのパートであるなら、強拍と弱拍を別のトラックに振り分けて、それぞれに適切なEQを施すとか、オートメーションによって切り替えることも可能だろう。しかし、常に変化しているボーカル・トラックに対しては不可能に近い。そこで、音の表情に合わせて掛かり具合が変わるEQが求められるわけだ。
　例えば、ソフトな声に対するEQが、そのまま張った声に掛かると倍音がキツ過ぎることはよくある現象だ。バースとコーラスなどパートでバッサリ切り替えられれば、前述のようにトラックを分けたりEQオートメーションするのも方法だが、滑らかに次第に盛り上がるような楽曲では、切り替えのタイミングが見定めにくいし、切り替わった瞬間に違和感が生じることもある。そんな時は、ダイナミックEQの出番だ（**図1**）。

■ボーカルに向いたEQ

　ボーカルに対するEQとしては、ダイナミックEQがオススメ。音色の変化に付いて

4章　ボーカルに対するコンプ&EQの使い方

きてくれるからだ。先に解説した【→2-2参照】マイクとの距離の変化に対する補正として、音量はフェーダーで対応できるとしても、音色の変化にも対応するには、EQが必要。とはいえ、一定にEQするわけではなくレベルに対してかかり具合が変わってほしい。ボーカルのフォルマントに対して、狙ったポイントで効いてくれるので、耳障りにならずにハリを出すことができる。的確に使えば、ボーカルには、最適なEQと言えるだろう。

　また、設定によって、ディエッサー効果を狙ったり、近接効果を補正する使い方もできる。この辺りは、前述のマルチ・バンド・コンプともかぶる部分なので、好みで使い分けるのが良いだろう。

　このダイナミックEQのように、音に反応してパラメーターが変化したり、複合型のプラグインによって、複雑な処理を自動的に行ってくれるものが増えた。あるいは優れたプリセットが用意されているものもあり、プラグインによる音処理は簡単になっている。
　一方、昨今ではAIによってソースを自動的に識別してパラメーターを設定してくれたり、更にはミキシングさえも可能となっている。今後、人間に求められるのは、無難な音処理ではなく、ますます個性が大切になることだろう。

図1：McDSP／AE6006はバンドのすべてのパラメーターが一覧できるウインドウが便利。

4-7

　他にも、多くのアクティブEQプラグインがリリースされていて、それぞれに個性がある。サウンド自体もさることながら、使い勝手が好みのものを選べば良いだろう。

　以下に特徴を列挙する。

Waves／F6

アナライザー機能も備わっており、どの帯域にピークディップがあるのかを一目でチェックできる。またその上に重ねて周波数ポイントを設定すると、狙った効果を確実に手に入れることができる。

FLUX／Epure

FLUXのEQは非常に音質が良く、シンプルなウインドウ・デザインが美しくて使いやすい。5バンドで8chまで対応しているので、サラウンド・ミックスにも重宝する。

FabFilter／Pro-Q

多機能でグラフィックが充実。周波数軸に鍵盤を表示できるので、特定の音程に対して、その倍音も含めてコントロールしたい時にも的確に処理できる。

5章
ピッチ・コントロール

5-1

ピッチの概念

　前章までは、ボーカルの音処理として「音量」や「音色」をコントロールする手法を紹介してきたが、いかがだっただろうか。

　音には、この「音量」「音色」の他に、もうひとつ大切なパラメーターがある。それは「音程」だ。音楽は音の高低変化によってメロディーが生まれ、複数の異なった音程が同時に響くことでハーモニーが生まれる。このことからも、極めて重要な要素であることは誰しも気付くことだろう。

　ここではその音程をコントロールする手法をご紹介する。意図しない、音程のズレの補正はもちろん、楽譜では書き切れないような微妙な音程のコントロールから、積極的に音程を変えることで生まれるメロディーやハーモニーに至るまで、より魅力的なボーカルに磨き上げる術を探っていく[*1]。

■ピッチ・コントロールとは

　まず、ピッチ・コントロールする目的を考えてみてほしい。ただ単に下手な歌を直すためのテクニックではないということを再認識したい。

　「ピッチ＝音程」は、「音量」「音色」とともに音を表す3要素の1つで音の表現手段の1つの要素だが、ボーカリストはそれらを組み合わせて自然に歌っている。まず作曲家が楽譜のどこに音符を置いたのか……あるいは、MIDIトラックのどのキー・ナンバーにしたのか……それで音程は決まる。そして、その音程の表現手段として、ボーカリストが、ジャスト・ピッチで歌うのか……ビブラートさせるのか……など、歌唱に委ねられたコントロールが加わる。そして録音された後、エンジニアリングによってピッチを補正したり、積極的にコントロールされて、リスナーに届けられる。

　これは、楽譜に「ff（フォルティシモ）」と書かれていたり、MIDIのベロシティーが「125」などと指定されており、それに相応しい音量で歌ったものをレコーディングした後に、

[*1] 基本的にはボーカルの音処理としてのピッチ・コントロールをテーマにするが、ボーカル以外の楽器にも応用できるように、ピッチに関する情報をまとめてみた。エンジニアリングでは他の楽器にも応用できるし、演奏家がピッチの概念を理解する意味でも役立つので、読んで頂ければ幸いだ。

更にコンプやフェーダーで音量感をコントロールしているのと同様な行為だ。

　つまり、**ピッチ・コントロールするということは、フェーダーやコンプで音量をコントロールしたり、EQで音色をコントロールすることと同じで、ごく当たり前のこと**だということを認識してほしい。

　ただ、それをどの段階でコントロールするかによって、目的やアプローチが違ってくる。ピッチを決定づけるのは、録音前と録音後にコントロールするプロセスがあることを表とともに説明させてもらったが覚えているだろうか【→4-1参照】。

　さりげなく「音の3要素が、録音の前後にあり、全部で6つのプロセス」と説明したが、実はこの中で、音程を録音後にコントロールするという技法は、比較的近年になって確立したことだ。レコーディングの黎明期には不可能で、1980年代以降にピッチを変える装置として、ハーモナイザーやピッチシフターが使われるようになって可能となった。当時はさぞかし画期的だったに違いない。しかしそれが近年になって、プラグインによって簡単にコントロールすることが可能となった。音質も向上し、グラフィカルなユーザー・インターフェイスも手伝って、誰もが自由に扱うことができるようになった。それまでは、ソングライターやボーカリストに委ねてきたことが、エンジニアリングで直接コントロールすることが許されるようになったわけだ。換言すれば、作曲や編曲という行為に、エンジニアが大きく影響を与えるようになったと言える。特に、セルフ・プロデュースしている人の場合は、曲を歌ってしまった後から、メロディーやハーモニーを自由に変えられるようになったという事なのだ。

　それは、時として非常に面白い相乗効果を生み出す結果となっている。ケロケロ・ボイスなどはその最たる例だ。テクノロジーが新しい音楽を生み出している。サウンド・プロデューサーに求められるセンスは、ここでも大きく変わってきている。

■ピッチ・コントロールの目的

　ピッチをコントロールする目的は、大きく2つに分かれる。意図しない音程のずれを補正することと、積極的なピッチ・コントロールだ。後者は、微妙なニュアンスや表情を演出するものから、メロディーやハーモニーを変更するものまで幅広い。既にお話しし

5-1

　た音量や音色と同様、音程についても、補正と積極的な音作りは分けて考えよう。

　まず補正に関して、最初に考えることがある。そもそもボーカルは、正確な音程で歌えば一番美しいのだろうか？…という問題。答えは「No」だ。むしろ、心の琴線に触れるボーカルは、決して正確なピッチで歌われてはいない。では、どうすれば人を魅了する歌になるだろうか？　それを理解した上で補正したり積極的に攻めよう。

　ボーカルをレコーディングしていると、よく聞かれるディレクションとして、「ピッチが悪い」とか「フラットした」「シャープした」などという言い方がある。それは、本来あるべき音程に対してずれていることを指すわけだが、果たしてその判断の基準はどこにあるのだろうか？　物理的に正しいピッチが音楽的に素晴らしいわけではないことは先述したが、音量や音色が一定のボーカル・トラックが一番魅力的なはずがないのと同様、ピッチが正確すぎても、むしろ非常につまらないボーカルになってしまう。つまり大切なことは、**ピッチ補正プラグインを掛けさえすれば、魅力あるボーカルになるわけではない**。

　昨今、魅力的なボーカル・チューン作品が相対的に減ったのは、ピッチ補正プラグインの多用のせいであり、しかもオート・モードでとりあえずインサートしているような作品が多いからだろう。またケロケロ・ボイスやボーカロイドに慣れてしまった耳には、感情豊かなボーカル表現の良さが理解できなくなってきているようで心配だ。「生のストリングス・セクションよりシンセの方がピッチが安定していて好きだ」とか、「生ドラムよりシーケンスのドラムの方がリズムが正確なので安心して聞ける」と言っているようなもので、それは、表現方法の違いであって優劣ではなく、使用目的によって使い分けていくべきだろう。

　肉声はあらゆる楽器の中でもっとも個性溢れる音だ。それは、音量・音程・音色の変化に富んでいるからだ。これまでコンプやEQのかけ過ぎを警告してきたように、音程の均一化も極めてつまらないボーカルになるので注意しよう。メッセージがあって歌を歌い、声で何かを伝えたいのであれば、それを最大限に引き出し、時にはリズムや音程のズレを活かしたり、強調することも必要だろう。

■積極的なピッチ・コントロールによる音楽表現

　如何にして、根本的にピッチが取れていないトラックをまともに聞こえさせるか……ということに終始するつもりはない。今時のプラグインは、オート・モードでインサートしておけば、とりあえずピッチは安定するのでそれに任せれば良いだろう。一番伝えたいのは、ピッチを積極的にコントロールすることで、音楽の質をさらに上げたり、新しい魅力を加えることだ。ここではマニュアルで積極的にピッチをコントロールする技を披露しよう。

■メロディーやハーモニーを変更する

　ピッチ・コントロール・ソフト[*2]を使えば、単旋律の中の狙った音のピッチを変えることで、ボーカリストが歌唱でつけたピッチ変化に更に表情をつけたり、違った表現をする事が可能だ。

　補正のみならず、メロディー・ラインを変えることはもちろん、バック・トラックのハーモナイズやコード進行を変更することだってできる[*3]。そこまでやると、作曲や編曲にまで遡って修正しているのと同じことになる。とはいえ、これまでも、音の長さや強さを自由にコントロールしてきたわけで、それは作曲家が楽譜を書いたり、演奏家やボーカリストが表現するのと同じ次元で、音の3要素の中の要素を変えてきたわけだ。そして、近年になってプラグインによって音程も変えることが可能になり、メロディーや和音の構成音を変えることも可能になっただけのことだ。

---

*2　ピッチ・コントロール・ソフトには、リアルタイムで処理するものと、別アプリに移行して加工してから戻すタイプがある。前者は、オートモードで使う場合に便利で、後者は丁寧に微妙なコントロールが可能だ。その先駆けとなったAntares／Auto-Tuneが定着したことで、「オートチューン」という言葉が、ピッチ補正の代名詞になっている感もある。

*3　Celemony／Melodyneなどを使えば、和音として録音したオーディオ・テータの中から、特定の音だけを選択して、ピッチ補正することもできる。例えば、マイナー・コードを弾くべきところで、誤ってメジャーを弾いてしまっているようなケースでも3度の音だけを抜き出して、半音落とすことができる。これは、これまで不可能だった画期的な機能で、音作りの幅が大きく広がった。

5-1

■ボーカリストの特徴をつかむことが大事

　これまでにお話ししたように、タイミングや音長【→3-2参照】、音量【→4-2参照】、音色【→4-4参照】そして音程までも自由に変えられるということは、作曲家や演奏家の領分に踏み入ることになるため、作曲家やボーカリストが違和感を感じない範囲に留めたり、十分にコミュニケーションを取るなど、**クリエイター間の信頼関係が重要**になる。そして、エンジニアの立場や役割が大きく変わってきている。音の3要素をコントロールすることにかけては、エンジニアは最後の砦となるわけで、その影響力はそれまでのどの行程よりも大きいと言える。極端に言えば、どんなに大きな音量で歌っても、フェーダーで絞られれば音はどれだけでも小さくできるし、波形を動かせば、リズムをタイトにすることも、逆に揺らすこともできるように、ピッチ・コントロール・プラグインを使えば、なんでもできてしまう。どれだけ熟練された演奏家やボーカリストよりも正確なピッチにしたり、ポルタメントやビブラートを付けるなど……。とはいえ、実際には、作曲家、編曲家、演奏家、ボーカリストとの共同作業でなければならない。自作楽曲を自分でパフォーマンスするアーティストであるなら自由とも言えるが、客観的に聞いてくれたり活動をサポートしてくれる人との関わり合いの中で生きている。そのすべての人々の心が同じ方向に向いた音楽になっているとき、最大の効果を発揮することは、忘れないでほしい。

　こうした技は、近年プラグインの充実によって簡単にできるようになったが、技術的に可能になっただけで、積極的かつ効果的にプラグインを活用している例は、実はかなり少ない。妙に正確なピッチの歌が氾濫している。**ピッチの取り方という、最も個性が現れる部分**を、ピッチ補正をしすぎたせいで、没個性になっていることが非常に多く残念だ。ボーカル・ユニットで、映像を見ないと誰が歌っているか判別できないことも多く、とてももったいないと思う。

　その一方で、私がミックスダウンをしたミックスを、演奏家やボーカリストに試聴して頂くと、「何かやったでしょう？」などと言われることがある。そうです、確かに"色んなこと"を施している（笑）。ここで注目してほしいのは「何か」という言葉。つまり相手は"どこを"、"どのように"変更したのかに気付かないくらい自然で違和感がなく、

まるで自分がもともと歌ったり演奏したかのごとく聞こえているのだ。なんとなく「こんなにカッコ良くなかったはずだが……」とか「確かに自分なんだけど、まるで自分じゃないみたい」という感覚。もし、元々「こんな風に歌いたかった！」というように直してあげたなら、全く違和感を感じさせることなく、自然に受け入れてもらえる。**まるでそのボーカリストがやりそうなことを、「本当はこうしたかったんでしょ！」という風にエディットしてあげたなら、違和感を感じるどころか大喜びされる**だろう。逆に、絶対に自分がやらないようなことをされた時には、とっても違和感を感じて、それがどんなに正しい音程やリズムであろうが、自分らしく感じられないと拒絶される。そのためには、演奏家やボーカリストのクセを掴む必要がある。また、その中から**プラスの個性**を見つけ出し、それを伸ばす方向でエディットしてあげればいいのだ。

ところで、ボーカリストの立場から見て、目の前のエンジニアに自分のボーカル・トラックのエディットを任せられるかどうかを判断する、最も簡単な方法がある。それは、エンジニアに実際に歌ってみてもらうことだ。たとえ訓練されていなかったり、声域が狭かったりしても、どう歌いたいと思っているかはわかるし、どう歌うべきかを理解している人であるかどうかは簡単にわかるはず。もし、まともに歌えないようなら、その人にピッチ・エディットを依頼することは、"絶対に"止めるべきだ。**自分以上に上手く表現できる人、あるいは、それをわかっている人に任せてこそ、他人と組む意味がある。**

逆に優れたボーカリストは、エンジニアがエディットした歌を聞いて、それと全く同じように歌うことができる。プロデューサーの意図や目的がわかれば、それを再現できるということだ。だから、レコーディングとライブとの差は、おのずと無くなる。逆に、歌えないからという理由で直されたのだとしたら、ライブの生歌で再現することは難しいだろう。

■ピッチを表現にどう活かすか

昨今のボーカル曲は、Auto-Tuneなどを単なるピッチ補正ソフトとして使い、下手な歌を直している楽曲があまりにも多く、未だにケロケロ・ボイスを多用した曲も乱発されている。そういった点では「アンチ・Auto-Tune」を提言しているアーティストも多

5-1

く、Auto-Tuneを使用していないことを公の場でアピールしたりしている。少し前のことになるがグラミー賞の授賞式で抗議したりと、何かと話題になってきた。

　しかしここで、私は不思議に思うことがある。レコーディングされたボーカルにコンプやEQで処理をしたり、さらにはディレイやリバーブを掛けていることを否定する人はいないのに、ピッチを加工したことだけが取り沙汰されるのはおかしいと感じる。ボーカル処理の一環として、ダイナミクス処理やボリューム・オートメーション、あるいは音色や空間処理するのと同じ感覚で、ピッチをコントロールしながらイメージ通りの音楽作品を作っているわけで、ピッチに手を加えることだけを否定的に捉えることに違和感を感じる。ピッチを加工しないことに拘るなら、リズムも直すべきではないし、一切エフェクターも使わず、フェーダーで音量を調整することもせず、素のままがいちばんということなのだろうか……？

　何もしなくても素晴らしいボーカルは確かにある。しかし、レコーディングは創作芸術であって、ライブとは違うはず。以前も例えたように、映画と舞台のような関係だ。
　映画は編集が基本であり、リテイクは当たり前でカメラ・ワークや編集のセンスが重要。かたや舞台はリアルタイムで進行するものであり、やり直しは利かないし、オーディエンスが見ている角度は一定だ。
　同様に、必要に応じてピッチ補正したり積極的にピッチを変化させることも芸術なのではないだろうか？　ただその一方で、単にスキルの足りないボーカルを、エディットによって上手く聞こえさせることが目的でピッチ補正ツールを使うことは、情けないこととも言える。そういった点では、ボーカル録りの最中にアーティストから、「今のテイク結構良かったのですが、アタマがちょっとフラットしているので、後でAuto-Tuneで直しておいてください」等と言われるのは問題外だろう。気付いたのだったら歌い直すべきだ。気付けるということはピッチ感を判断する能力があるのだから直せるはず。自分のイメージを可能な限り生で再現してそれをレコーディングし、それでも限界を超える部分や、自分のイメージ通りにならなかった部分に関して積極的に変えていくのが良いと思う。

　その一方で、ピッチを加工して作ったボイスを多用したり、特殊な使い方をするなどアイディアは尽きる事がない。だから決してそうした音処理を否定しているわけではな

い。ただ、いわゆるケロケロ・ボイスは、プラグインさえインサートすれば、いとも簡単に誰でも作れるので、そこから個性を作り出すことは難しいことも確かだ。

ピッチ補正された最近の歌ばかりでなく、古い洋楽も聞いてみてほしい。ピッチを自由自在にコントロールしているボーカルに感動することだろう。ジャスト・ピッチばかりで歌うことがいかにつまらないことであるかを知らされることだろう。正しいピッチと、魅力的なピッチとの差は、どこにあるのか……ピッチをどのように音楽表現に活かしていくのか……その辺りを探ってみて頂きたいと思う。

■平均律に縛られないピッチ表現を知りさらなる高みへ！

音程は、楽器やコンピューターが決めるものと、人間がコントロールするものがある。楽器で言えば、前者の例としてはピアノが、後者ではバイオリンが挙げられる。ピアノの場合は、演奏者はどの鍵盤を弾くかということだけが許されており、半音階のピッチを出すことが可能。一方バイオリンは、半音の間で無限にピッチを取ることができ、それを刻々と変えてゆくこともできる。そして、後者のタイプで自由にピッチを操れるものの中でも、最高に表現力があるのがボーカルと言えるだろう。

ボーカルでは、音程を自分の耳で聞いて気持ちよい高さに合わせよう。ピアノやシンセは平均律(*4)だから、必ずしも美しいハーモニーとは言えない。人間の声は、自由にピッチを取れる素晴らしい音源だ。フレットのない弦楽器も声と同様だから、合唱やストリングス・アンサンブルは、美しい響きを作り出すことができる。ほとんどの楽器やチューニング・メーターは平均律を採用しているが、本当に美しいハーモニーは残念ながら平均律ではないのだ。

合唱や弦楽器のアンサンブル演奏をしたことのある人であれば経験があると思うが、自分ではピアノなどに合わせて音程をとっているつもりなのに、「3度の音が高い」などといわれることがあるだろう。平均律の3度の音は明らかに高めで、純正律(*5)より1/12音くらいシャープしているのだ。

*4 *5　平均律、純正律（純正調）に関しては、ここで解説するにはページが足りないので、割愛させていただくが、微妙なピッチを追求したい人は、ぜひ習得して欲しい知識だ。

5-1

　打ち込みは基本的に平均律なので、たまには純正律や合唱などの本当に美しいハーモニーを体感してほしい。音に対する価値観や感性が変わることだろう。純正律の美しいハーモニーを知らずに一生を終えることのないようにしてもらいたい。

　少なくとも、ピアノ伴奏のときと、オーケストラや合唱では、楽譜上は同じ音であってもピッチが微妙に違うことを十分に考慮する必要がある。バックがストリングス・アンサンブルなのに、歌だけが平均律のピッチで歌っている曲を時々耳にするが、普通はそんなピッチで歌えるはずがなく、自然にバックに馴染む音程になるはず。これはピッチ補正プラグインの弊害だろう。

　平均律は、非常に合理的。どんなキーでも演奏可能で、途中で転調しても全く問題ない。移調してもそのままシフトさせるだけで済む。音楽や楽器の発展に、大きく寄与したことは間違いないだろう。

　ただ、音響的にはもっと美しいハーモニーがあること、そして歌ではそれが可能なことだけは、忘れないで欲しい。

5-2

ピッチ・コントロールの実践

実際にピッチ・コントロール・テクニックを紹介していこう。

ボーカル・トリートメントの手法の1つとして"ピッチ補正"が挙げられる。これは語り出すと奥が深いのだが、安易にピッチ補正のプラグインをインサートしてはいないだろうか？　ピッチ補正のツールと言えば、Antares / Auto-Tune, Celemony / Melodyneなどが代表的。それらをオートでピッチ補正できるモードで使用している人も多いことだろう。

せめて、それをそのまま使うのではなく、必ず曲のキーとスケールに合わせた設定を作るようにしよう（**図1**）。そうすることで、より確実に正しいピッチへ導いてくれるだ

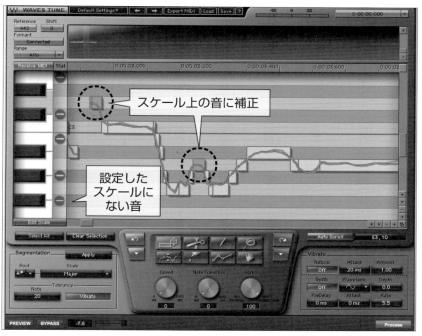

図1：Wavesのピッチ調整プラグインTune。Tuneでは、キーとスケールを設定すると（画面ではB♭メジャー・スケールに設定）、スケールから外れている音の鍵盤に「-」が表示される。読み込んだ音の元々のピッチはオレンジのラインで表され、補正後のピッチはグリーンのラインで表示される。画面内では、スケール外のピッチになっている個所を最寄りのスケール上の音にマニュアルで移動させ、ピッチを書き換えている。

ろうし、故意にベンド・アップやベンド・ダウン(*1)して歌っている場合も、ダイアトニック・スケール上の音からのベンドになるので、音楽的に聞こえる。

　それから、深くかけ過ぎることで、ボーカリストの個性が失われることも、避けなければならない。ピッチが正確でさえあれば良いわけではないのだ。そういった意味でも、全体を通して、オート・モードで使うのではなく、気になる箇所をマニュアルで直すことをお勧めする。その際のツールとしては、Waves / Waves Tuneが非常に使いやすく、機能も音質もピッチ補正プラグインの中ではトップレベルだ。

■表情豊かなボーカルを生み出すピッチ・コントロールの神髄

　ピッチ補正のプラグインやアプリを使えば、いくらでも正確な音程にすることはできる。また、正確さを求めるなら、ボーカロイドでもいいだろう。しかし、ピッチがクロマチックにメロディーに合わせて正確に動いているだけでは、機械的で色気のない歌い方になってしまう。ピッチ・コントロール・ツールのグラフィック・モードで、ピッチを確認してみたとき、ただ階段状に変化しているようでは、魅力的な音楽表現ができているとは言い難い。そこで、わざとちょっと外れたピッチにしたり、一瞬他の音を加えることでニュアンスをつけていくわけだ。では、具体的な手法を見ていこう。

■イントネーションを付ける

　音は、アタマが重要。声を発する瞬間に他のピッチの音を一瞬加えることで、音に表情を付けられる。それを一般的には装飾音符と言うが、それは作曲家が譜面上で指定しているケースもあるし、譜面にはなくても演奏家やボーカリストが即興あるいは計算して表現手法の1つとして付ける場合もある。同じようにレコーディング・エンジニアが、ミキシング行程で付けることも可能なわけだ。

　装飾音符にはあまり強い意味がなく、あくまでも次に来る音を強調するための手法。また、

---

*1　ピッチ・ベンドとは、目的の音程をいきなり取らずに、下から目的の音に滑らかにずり上げていくか、逆に上から下げていくこと。そのアプローチの違いによって「ベンド・アップ」「ベンド・ダウン」と言う。

ボーカルではピッチ・ベンドして使用されることが多い。

一般的な装飾音符もそうだが、装飾音符をリズムのジャスト・ビートに先行させるのか、ジャストから動き始めるのかの2種類がある。一概には言えないが、ポップスではビートに先行させることが多く、クラシックなどでは、オン・ビートで装飾音符がスタートするケースが多いようだ。そのタイミングとベンド幅や、変化スピードはボーカリストの個性となる。これはとても大切な表現手法で、特にちょっと下からすくい上げてピッチを取る歌い方は、優れたボーカリストが必ず使うテクニックで、ソウルフルな歌には欠かせない（**図2**）。

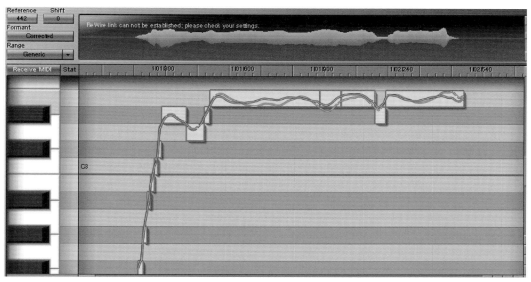

図2：ベンドの幅や変化のスピードがボーカリストの個性となる。目標となるピッチのちょっと下からすくい上げるようにしてピッチを取る歌い方は、欠かせないテクニックだ。

■コンサート・ピッチの重要性

ピッチに着目する時、まず確認すべきことは、"コンサート・ピッチ"が何Hz（ヘルツ）なのかだ。電子楽器の場合は、購入時には、A=440Hzになっていることが多いし、日本国内で聞かれるポピュラー・ミュージックは、長年441Hzが殆どだった。それは、国内

のレコーディング・スタジオやスタジオ・ミュージシャンが441を基本としていたからに他ならない。しかし自宅レコーディングの普及にともない、440の占める割合が増えてきているし、そもそもいい加減なチューニングで演奏される音楽も圧倒的に増えている。だからこそ、的確にコンサート・ピッチを意識するようにしたいものだ。

その一方で、他の楽器と比べて、ソロ楽器がほんの僅かシャープしていることで、抜けて出てくるという現象がある。これは合唱やオーケストラの弦楽器などでは顕著。次第にピッチが上がってくるという、あまり芳しくない現象があることも確かだ。

ボーカル楽曲におけるコンサート・ピッチは、コンピレーション・アルバムや、配信サイトなどで、ランダムに再生される際にも大きな影響がある。直前に再生された楽曲とのコンサート・ピッチの違いによって表情が違って感じられてしまうからだ。例えば、前の曲より高くなると「明るい」と感じたり「派手」と感じたりすることが多く、逆にピッチが下がると「暗い」とか「地味」と感じてしまう。こうしたことは、リスナーの経験値や絶対音感の有無によっても違うので、一概には言えないが、マスタリングする際には、注意する必要がある。調性やコンサート・ピッチの影響で、聞く順番によって楽曲のイメージが大きく変わってしまうことがあるからだ。また、そうした影響を避けるために、十分に曲間を空けることも、時には検討すべきだ。

ところで、配信が音楽を聴くメディアとして定着しているが、楽曲の組み合わせや曲順には、音楽を楽しむ上でとっても大切なアートが伴っていることを忘れないでほしい。できれば、そこも含めて、アルバムはCDで聴くことをオススメする（それは、音源を供給してくれているアーティストやクリエイターたちへの感謝を表すことにもなる。この辺りのことは、本書の主題から離れてしまうので、別の機会に委ねる）。

■ピッチ調整は"ダイアトニック・スケール"上で行うのが基本

ピッチ・コントロールに際して、次に確認すべきことは、キー（調性）とスケール（音階）だ。1つのキーの中でも、様々なスケールを作ることができるが、現在のポップ・ミュージックの多くには、"ダイアトニック・スケール"[*2]が使用されている。

だから、ピッチ・ベンドの際に使用する装飾音符も、まずはダイアトニック・スケール上の音に設定すると自然。例えば、「レ」の音を下からすくって音程を取る際は、半音下の「ド♯」からではなく、スケール内にある「ド」からの方がナチュラル。ベンド幅が半音下からなのか1音なのかは、スケールによって決まるわけだ。

　プラグインにはキーやスケールを設定するパラメーターが用意されているので、そこで楽曲に合ったものを選ぶと画面の表示が最適なものになる。Auto-Tuneのオート・モードなど、自動補正の機能を使う場合も、キーとスケールの設定は必須だ。デフォルトのクロマチック・モードのままで使うと、スケール外の音に補正されてしまい、音程は合っていても、自然に聞こえないので注意しよう[*3]。

　ただし、調性の設定が逆効果になる場合もある。もっとも顕著なのは、パッシング・ノートやテンション・ノートとして、ボーカリストが、敢えてスケール・アウトした音を使っている場合だ。曲全体の調性にとらわれず、拍ごとのコードを考えたり、スケールを意識して判断しよう。その場合は、その瞬間だけOffにしたり、スケールやキーを変更するオートメーションで対応しよう。

■バックとの関係が重要

　ボーカルの音程はバックとの関わり合いの中で成立することであり、"コンサート・ピッチ"のような、絶対的なピッチだけでなく、タイミングも重要。同じ音の動きでも、バックが違ったりタイミングがズレれば台無しだ。先に述べたテンション・ノートなども、コードやスケールを考慮して、ディスコードしている音が、長く続くことがないようにする必要がある。不安定感を出す目的で、敢えて狙って外すこともあるだろうが、その場合でも後に落ち着く感じが大事で、そのタイミングが重要になる。

　アドリブさせたり、フェイクさせたりする場合は、スケールを意識するとカッコ良く、

[*2] ダイアトニック・スケール：これは7種類の音から成るスケール。皆さんもなじみ深い"ドレミファソラシド"というメジャー・スケールはその代表格で、他には"ラシドレミファソ"といったナチュラル・マイナー・スケールや、沖縄民謡の独特の節回しを形作っている"ドミファソシド"の琉球音階などもスケールの1つだ。

[*3] Auto-Tune Proでは、Auto-Keyというプラグインによって、キーを自動判定させることも可能だ。ただし、転調しているパートがある場合は、それぞれに対して行う必要がある。

5-2

かつ音楽的にも違和感のないフレーズが作れる。音程を修正したり変更すること自体はプラグインを使えば簡単だが、どうすれば良いかを判断することは決して簡単ではないだろう。好みもあり、センスもある。まず自分で歌ってみることをお勧めする。

　メロディーのピッチを変える際は、スケール上の音へ修正すると違和感なく聞こえる場合が多い。このダイアトニック・スケール上には、各スケールのそれぞれの音の上に、幾つかの音を積み重ねたコードが成り立ち、それらをダイアトニック・コードと呼ぶ。ルートに3度上の音と5度上の音を重ね、そこに7度をプラスし、さらに9度・11度・13度が重なる等、複雑なハーモニーを作ることができる。例えば"3度"という音程にも長3度（半音4つ分）と短3度（半音3つ分）があるなど奥深い世界だが、コード・ネームは、構成音を簡単に表すことができるので、理解し把握しておくとハーモニー・パート作成の際に便利だ。例えば3度のハーモニーを作りたい場合は、ダイアトニック・コード上で3度の関係にある音を歌うようにすれば良いのだ。

■ロング・トーンを魅力的にする手法

　音のアタマだけではなく、声を伸ばしている箇所＝"ロング・トーン"の途中で、一瞬だけ他の音に変化させることでニュアンスを出すこともできる。R&Bやソウルでは、そこに魂を込めるし、我が国の独自の音楽である「演歌」にもそれを聞くことができ「こぶし」と呼ばれている。美空ひばりさんの歌など、学ぶべき点が非常に沢山ある。子どもの頃は演歌歌手だと思っていたが、今聴くと素晴らしいテクニックと表現力の持ち主で、彼女が歌うジャズやスタンダードには、オリジナル・シンガーを越えた凄いボーカルもある。

■ビブラートによる揺らぎ

　ビブラートは、特にロング・トーンの音程を周期的に揺らすことで表情を付けることだが、これもボーカル表現の1つのキー・ポイントになる。素直に伸びた音も美しいが、一定の音程のままではオケに埋もれるし色気がない。そこで、適度にピッチを揺らすこ

5章　ピッチ・コントロール

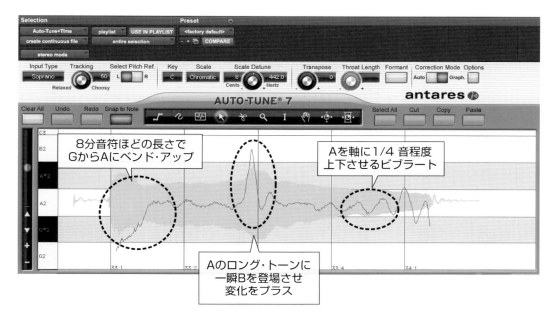

図3：ベンド・アップやビブラートの合わせ技。Antares Auto-Tune 7に、キー＝Cメジャーの楽曲に登場する長さ4拍ほどのロング・トーンを読み込んだところ。
画面に映る大きな波形は元のボーカルのもので、線のカーブは筆者が作り出したピッチの動きを表している。まず、アタマはGの音から8分音符ほどの長さをかけてAにベンド・アップさせ、しゃくり上げるような歌い方にアレンジ。その後、Aのロング・トーンの途中で声をひっくり返すように、一瞬Bへ移動させている。本文中で書いたように、ソウル・ミュージックのロング・トーンや演歌の"こぶし"などに通じる手法だ。
最後はAを軸に1/4音程度上下するビブラートをかけ、パワーを抜くようにピッチを下げて終わっている。

とでオケから飛び出し、感情豊かな表現が可能となる（**図3**）。

　ボーカリストにとってビブラートは、音楽表現の最大の武器かもしれない。ビブラートには種類があって、普通は変化する周期が数Hzとゆったりしたものだが、細かく痙攣したような「ちりめん・ビブラート」もある。またピッチ変化の音程幅も1/4半音内程度の薄いものから、上下に長2度程度もある深いものまである。

　また、すべての音に用いるのではなく、ロング・トーンで効果的に使おう。それから、音の始めからビブラートさせずに、少し一定に保ってから掛けたり（ディレイ・ビブラート）、次第にピッチ変化量が深くなったり、次第に周期が早くなったりと表現の幅は無限だ。同時に音量変化であるトレモロを併用している例も多いので、その場合は、周期に関連性をもたせないと不自然になる（**図4**）。

　その一方でノンビブラートにこだわる人もいたりと、ビブラートはボーカリストや演

5-2

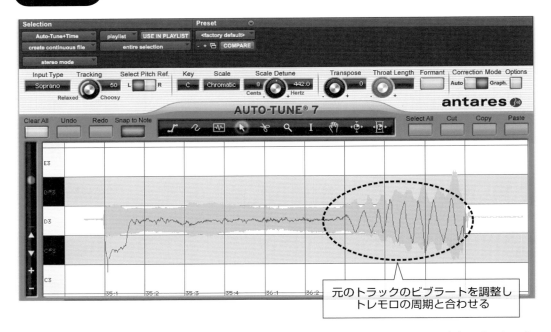

図4：線で囲んだ部分は、トレモロとビブラートが併用された箇所。トレモロによる音量の上下とビブラートによるピッチの上下のタイミングが合うよう、ピッチ・カーブで補正している。アタマには半音下からズリ上げるベンド・アップを施しているが、その後のロング・トーンで同じピッチをキープし、最後にクレッシェンドしながらのビブラートで印象的に聞こえる。

奏家の1つの個性になっている。そういった点でも、プラグインのオート・モードが作り出すビブラートでは魅力がない。エンジニアがミックスで掛ける場合は、グラフィック・モードで手書きすることになるので、職人技とセンスが物を言う世界だ。【3-2】では、音のタイミングと長さを編集する技をお伝えしたが、それによって理想的な音のタイミングと長さができたなら、そこにビブラートを乗っけることで、ロング・トーンの表現は無限に広がる。

■スラーによる滑らかなピッチ変化

続いて"スラー"という手法について見てみよう。これは、ある音から次の音に変化するとき、発音を止めずに音程だけを変えるものだ。ピッチの異なる2つの音が滑らかにつ

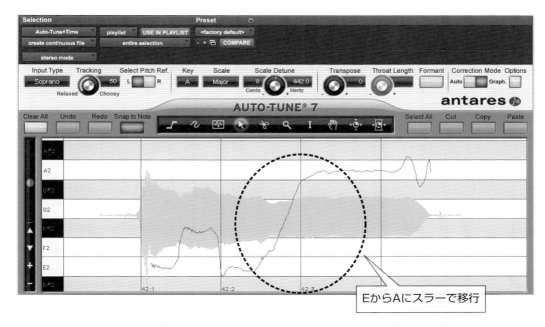

図5：スラーによるピッチ変化の例。キーがAの楽曲のラストの音に、スラーのカーブを描いた画面。元のボーカルは、EからAまで比較的ストレートに上がっていたのだが、1拍くらい時間をかけてスラーで上げていくことで、情感を込めて歌い上げた感じを演出している。

ながるという点は先のピッチ・ベンドと同じだが、ベンドは前の音が単なる装飾音符で、後の音が重要だったのに対して、スラーは前の音からの流れを重視し、次の音へとアタック感を強調しないで変化させることで、なめらかなフレージングにする（**図5**）。バラードでよく使われる技で、タメを効かせたゆったりとしたピッチ変化は、人を惹きつける。しかし多用しすぎると、逆に目立たなくなってしまったり、単にピッチが不安定な歌に聞こえる可能性もあり、使いどころと量が重要だ。

　他にも、音のアタマをちょっと低めから入って、その不安定なままである程度伸ばしてから、ジャスト・ピッチにするという技も美味しい。ダイアトニック・スケールの音とかではなく、ジャスト・ピッチよりも1/4音から1/8音（半音の半分から4分の1）くらいの不安定な音にすることで、当然そこに耳がいく。気になる。そしてそれが正しいピッチに落ち着いたとき、その安定感がたまらなく心地良いのだ。これも、始めの不安定なピッチの時の音が、明らかに聞こえていないと意味がない。

5-2

■グリッサンドの部分は目立たせる

　グリッサンドという手法がある。これは、ある音程から異なる音程へ、一定の時間をかけて比較的ゆっくりと、途切れさせることなくピッチを上下させるというものだ。スラーやベンドとの違いは、移動している音程変化そのものに目的があるケースが多く、変化していく行程に重きが置かれている点だ。

　上げる場合をグリス・アップ、下げる場合をグリス・ダウンと言う。鍵盤楽器やハープなどでは、半音の間の音程は出ないが、フレットのない弦楽器では、スライドと呼ばれることもあり、半音の中間の音程が自由に出せるため、スケールはもとより音楽的に存在しない音程も含めて変化させていくことで、エフェクティブに使用する。当然だが、途中経過では、スケールからはずれた音程になる瞬間もあるが、音楽表現としてそれがかえって目立つ理由となる。ロング・トーンの最後で、残った息を吐き出すように一気にグリス・ダウンさせると、ロックっぽいカッコ良いボーカルになる（**図6**）。その時大切なのは、さりげなくダウンさせるのではなく、むしろ音量を上げるなどして目立たせ

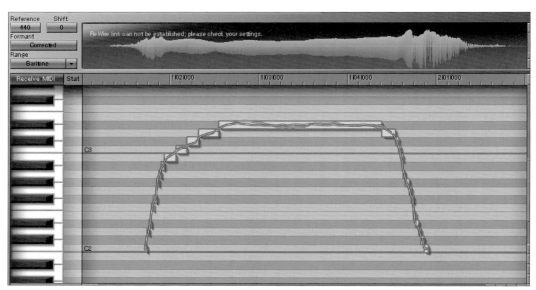

図6：グリス・ダウンを使うとロックっぽいカッコ良い効果が得られる。この時、音量を上げるなどして目立たせないと、単に間違えただけのように聞こえてしまう。

ることだ。そうでないと間違ったようにしか聞こえないからだ。

■組み合わせのセンスが大事

　実際には、ここで説明した色んな表現手法を重ね合わせる。例えば、下からベンドして入るけれど、すぐにはジャスト・ピッチにしないでちょっと待ってからジャストまで上げて、そのまま暫く伸ばしてから、次第に深くなるビブラートを掛け、揺れのスピードも早くして、最後はグリス・ダウンさせる……なんて感じだ**（図7）**。

　ビブラートやベンド、グリスなど、ピッチを変化させるタイミングや量は、好みの大きく分かれるところだし、それが個性にもなる。大切なことは、プラグインで修正する手法にあるのではなく、何がベストなのか、演奏家やボーカリストはどうしたかったのか？　あるいは、どうあるべきなのかを把握することが1番大切なのだ。そのためには、**良質の音楽をたっぷり聴いて耳とセンスを養おう**。その上で、自分なりに心地良いポイントを見つけてほしい。

　特に音のアタマに入る音程とタイミングは、ボーカリストに限らず、音楽家のセンスが問われる部分だ。スゥーと気持ちよく入れるかどうか、アクセントやベンドを付けるにしても、それがカッコ良く聞こえるか、単に乱れや不安定さに聞こえるかは、紙一重なのだ。

　さらにボーカルの魅力は、音程を自由自在にコントロールできるだけでなく、音色のバリエーションが豊富なことだ。音程だけでなく、音量や音色の変化が伴ってはじめて表現力のある歌になる。この組み合わせや相関関係は、簡単にご説明できない。

■自然な音質を保つためのトラック整理

　まず、ボーカル・トラックの隣に、ブランクのオーディオ・トラックを作る。次にピッチを調整したい箇所を単体のクリップとして切り出し、そこを隣のトラックへコピー＆ペースト。そしてペーストした方のクリップ（隣のトラック）をWaves TuneというAudioSuite（オーディオ・スイート）プラグインで修正する。このとき、元のトラック

5-2

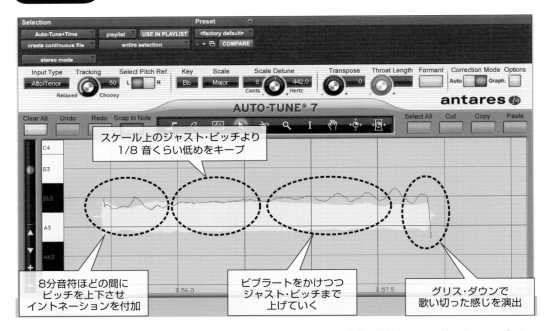

図7：複数技の組み合わせでピッチにストーリーを描く。図はキー＝B♭の楽曲に登場する長さ4拍ほどのロング・トーンに、幾つかのピッチ・コントロール・テクニックを使用した例。アタマの部分は、いったんピッチを下げた直後に引き上げ、そのあとまたすぐに下げることでイントネーションをプラス。こうすることで、オケのビートに埋もれることなくアタックを感じさせることができ、ボーカルが入ってきたことがより明確になる。続くロング・トーンの部分は、スケール上のピッチよりも1/8音くらい低めをキープ。これにより"ジャスト・ピッチに上がってスッキリと解決したい"という感じを与え、次につなげている。その次の部分では、徐々にビブラートをかけながらスケール上のピッチまで上げている。次第にピッチ感を安定させることで、解決感を演出するためだ。最後は深めのビブラートをかけることでオケから浮き立たせ、グリス・ダウンを描いて"歌い切った感じ"を強めている。たった4拍でも、このようにストーリー立ててピッチを表現していくと面白い。

の波形と処理済みの波形がカブる箇所が発生するので、元のトラックのクリップをミュートし、その部分に関しては処理済みのクリップだけが聞こえるようにする。

　このようにする目的は2つある。まず、オリジナル・トラックにプラグインをインサートしないで済むからだ。どんなに優れたプラグインであっても音質は犠牲になるので、通す必要のない部分は、そのまま使うためだ。その上で、何らかの目的でピッチ・シフトさせた部分だけが別トラックになっていれば、そのトラックにだけ失われた成分を補正するEQ処理などが可能となるからだ。また、もう1つのメリットは、すでにピッチ処理している部分がどこであるかが一目でわかることだ。リージョンネームを見ればわかるのだが、ミックス作業が佳境に入ってくると、こうして別トラックとしておく方が明

5章　ピッチ・コントロール

確にわかって便利だし、ダブルで処理するようなミスを未然に防ぐことが出来る。つまり、一旦ピッチ処理したリージョンをまたピッチ処理することなく、音質が劣化したり不自然なニュアンスになることを避けることが出来るのだ。

　Auto-Tuneのオート・モードなど、自動補正の機能を使いたい場合の仕分け方もある。今度は、ボーカル・トラックの隣に、別に2つのブランク・オーディオ・トラックを作る(**図8**)。

　1つ目は、プラグインをインサートしておくトラックだ。このトラックのピッチ補正プラグインは、基本的にオート・モード（自動補正モード）で掛けっぱなしにしておく。この際、プラグインの中でキーやスケールは必ず合わせておく。もし途中で転調していたり、臨時記号が付いていたら、そこはキーやスケールが追従するように、オートメーションによって対応する。ピッチの気になる箇所をクリップとして切り出し、そこにコピー＆ペーストする（実際の手法としては、コピペでは、元のタイミングとずれる可能性があるので、Control＋Optionを押しながら、リージョン＆ハサミで隣のトラックにずらす）。

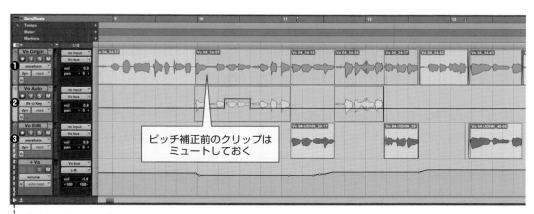

❶ 元のボーカル・トラック
❷ オート・モードで補正したトラック
❸ マニュアルで補正したトラック

図8：ピッチ・コントロール向けのトラック整理術。一番上は元のボーカル・トラック。真ん中のトラックにはAuto-Tuneをオート・モードでインサートしておき、元のボーカル・トラックで気になる部分をクリップとしてコピー＆ペースト。このオート・モードで綺麗に処理できなかった部分に関しては、AudioSuiteのプラグインWAVES Tuneをマニュアルでかけ、一番下のトラックに書き出している。これらの処理でボーカル・トラック全体のピッチが整うので、3つを1つのAUXトラックにまとめ、EQやコンプなどで音色を調整。最後はボリューム・オートメーションで音量を整えたら、ボーカル・トラックの音の3要素すべてをコントロールできたことになる。

5-2

　この場合も、不用意にプラグインを通したトラックを使わないために、オリジナルのトラックとピッチ補正プラグインを通ったトラックは、リージョンのオンオフで切り替え、オリジナルのニュアンスを残す意味でも最小限の使用に留めよう。

　2つ目のトラックは、オート・モードでは綺麗に処理できなかった部分を、先述の書き出しトラック同様、AudioSuiteでマニュアルで書き出したものをペーストしておくトラックだ。この仕分け作業を行う際も、プラグインを通したクリップの使用を最小限に抑える。

　Pro Toolsでは、バイパスをオートメーションする方法もある。オート・モードをバイパスでインサートしておき、必要に応じて（つまりピッチ補正したい箇所に関して）、バイパスをオフにして、有効にする。それでも気になる部分に関しては、AudioSuiteでマニュアルで書き出す。この時注意したいのは、その部分は、プラグインをバイパスにしておくことだ。さもないと、ダブルでかかってしまうことになる。

　それ以外のDAWを使っている人は、まず1つ目のトラックにピッチの気になる部分をクリップ化してペーストし、自動補正をかけてみよう。その上で、美しくかからない箇所があれば2つ目のトラックにプラグインをインサートし、マニュアルで処理していこう。

■ダブリングによるコーラス効果

　ここまでは単体のボーカル・トラックの処理方法について見てきたが、2つ以上のボーカル・トラックを使用することで得られる効果に関しても紹介する。

　まずは"ダブリング"から。これは、全く同じように歌って録音した2つのボーカル・トラックをミックスし、コーラス効果を得る手法だ。人間の声ではピアノなどのように厳密なピッチを再現できないので、複数の音が同じ音程で重なる時、微妙にピッチが違うことで生み出される倍音は独特の効果をもたらしてくれる。合唱などでは、誰も歌っていないはずのオクターブ上の音が響くなど、美しいハーモニーが生まれたりする。

　【2-6】では、実際に2トラック以上歌うことで声を重ねるダブル・ボイスをお話ししている。もし、ボーカル録りで複数のトラックに歌っていたなら、未使用トラックを素材にす

5章　ピッチ・コントロール

るのも良いだろう。リズムや音程に少々難があったトラックでも、リズム編集【→3-2参照】や、この章で説明したピッチ・エディットをすれば、サブ・トラックとしては、十分に使えるはずだ。

　サビなどで同じ歌詞が何度も出てくる場合は、他の回のサビからボーカルをコピーしてきて、新しいトラックに時間軸をずらしてペーストすることでダブル・トラックを作ったり、それをハモ・パート用のトラックにするのも効果的。

　また、同じテイクでも微妙にタイミングをずらしたトラックを用意することで、コーラス効果や、多重コーラスのように聞こえさせることもできる。同じトラックを複製して時間軸をほんの僅か（数msec～30msec）ずらすわけだが、ピッチ加工を併用するとさらに効果的だ。1つのトラックを複製して、プラグインを用いてダブル・トラックや合唱効果をミックス・テクニックで再現するわけだ（**図9**）。簡易的に行うのであれば、

❶ 元のボーカル・トラック
❷ ダブル用のトラック
❸ ハーモニー用のトラック

図9：ダブリング&ハーモニー・トラックの作成例。一番上のトラックはオリジナルのボーカル・トラック。まずは、ダブリングさせたい部分をクリップとして切り出し、真ん中のトラックへコピー&ペースト。ここでAntaresのプラグイン・バンドルAvox EvoにAvox Evoに収録のDuo Evoをかけ、ピッチやタイミングをコントロールすることでダブリングの効果を得ている。中央のクリップは、ダブリング不要と見なし使用しなかったものだ。一番下のトラックはハーモニー用のトラック。オリジナルのボーカル・トラックから使いたい部分のみを切り出してコピー&ペーストし、Auto-Tuneでピッチを変えてハーモニーを生成、最後はAntares Choir Evoをかけて人数感を出している。

5-2

Antares／AVOX、TC-Helicon／Harmony 4 **(＊4)** などのプラグインでコーラス効果を得ることもできる。その一方で古典的なコーラス・エフェクターは、ギターなどには効果的だがボーカルには不向きだ。モジュレーションが気になって、機械的なサウンドになってしまうためだ。

注意したいのは、複数のボーカル・トラックに対して、オート・モードで深いピッチ補正をしていると、どのトラックも同じピッチになってしまうので、せっかくの自然なコーラス効果が消されてしまったり、場合によっては、フランジングになって違和感のある音になるので、注意しよう。

いずれにしても、楽曲を通して同じボーカル処理をしても面白みがないし、合成によるダブル・ボイスで、生で複数歌ったものと同じ効果を作るのではなく、生で表現できない、美しさを狙うことに意義がある。曲のアレンジという観点でも、スパイス的に使うことでさらに効果的になる。

■ハーモニー・トラックの生成法

次は"ハーモニー・トラックの作成"についてご紹介する。プラグインを使用すれば、メインのボーカル・トラックから必要なハーモニー・トラックを生成することも可能だ **(＊5)**。

それをそのまま実際のミックスで使っても構わないが、それらの人工的に作り出したハーモニーはあくまでもサブ・トラックという認識で、実際にはボーカリスト自身や、バック・ボーカリストに歌って頂くほうがベター。また、トラック・セレクトしたり、エディットする際も同じで、マシンに頼ることがファーストではない。アーティスト自身が気に入っているトラックを使うのがクリエイターとしてのエチケットだ。

＊4　現在、生産終了しているが、とても優れたものだ。このように、プラグインもビンテージ化している。【→4-3 Column「ビンテージ機器考」参照】

＊5　ハーモニーを作り出すいう事は、3度とか5度音程など、元の音程に比べ大幅にピッチを変更することになる。ピッチ補正プラグインでは、フォルマントも移動してしまい、音程を上げることで子供っぽい声になったり、下げることで不気味な声になってしまう。フォルマント補正も可能な Waves／UltraPitch がオススメだ。フォルマントを積極的に動かすことで、男声と女声を入れ替えるなども可能。

5章　ピッチ・コントロール

　とはいえ、意外と便利な使い方としては、実際に歌ってみる前にテストできることだ。ハモのアレンジを考える際、プラグインで合成した声に歌わせてみてから、実際のボーカル録音に入るわけだ。ボーカル録音は、ボーカリストもエンジニアもかなり負担の大きい作業なので、無駄は省きたいもの。だから、生身の人間でアレンジやミックスのリハを行うのではなく、プラグインでハモ・パートやダブル・ボイスを合成して、ミックスにおける効果を試してみるわけだ。その上で、どのパートでその効果を使うかを決めて、その部分に関してのみ、実際のレコーディングを行うと、無駄な作業が大幅に減り、折角歌ってもらったのに不採用になるなんてこともなくなる。

6章

歌いやすい環境のために

トークバックは神の声

　ボーカル・レコーディングでは、セルフ・プロデュースでない場合、自分以外の人とコミュニケーションしながらレコーディングすることになる。その際、ボーカリストとレコーディングする側の人（レコーディング・エンジニア、ディレクター、プロデューサー）の間で、意思疎通のために使われる唯一の手段がトークバック（以下、TBと略す）だ。その重要性に気付いていない人も多いので、じっくり考えてみたいと思う。

　ちょっとしたことで、ヤル気が一気に削がれることもあるし、逆に"**神の声**"に聴こえるような助けにもなる。それがトークバックだ。

■トークバックの重要性

　レコーディング・スタジオでは、その両者の間が防音された壁や窓で仕切られている場合がほとんどだ。自宅スタジオなどブースがない環境では、両者がヘッドフォンをしていて、ダイレクトに話せない状態となる。その間には、大きな隔たりがあることを認識しよう。**ボーカリストは孤独だ**。すべてが自分1人にのしかかるプレッシャーを感じ、緊張していつもの声が出なかったり、期待に答えられない焦りを感じたりしている。それを和らげるためにどうしたらよいか……ということだ。

　まず、同じ目的に向かっていても、境遇が違うことを理解するために、このように考えてみてほしい。レコーディング・ブースとコントロール・ルームを仕切る間の窓には、川が流れているのだと。そしてその川を、両者はそれぞれ反対側から眺めながら話をしているのだと。片方は右から左に流れていると見えているが、反対側では左から右に流れていると見えているのだ。つまり、全く違う方向から見ていることになる。一見同じようで、かなり違うということだ。

　さて、ではそのギャップを埋めるには、どうしたら良いのだろうか？

■トークバックは心配りが大事

　歌い終わったら、すぐにTBしてあげよう。歌い終わった時に何の反応もないとボーカリストは不安になる。ほとんどの場合、完璧なことなどないわけだから、本人は何か気になっているはず。だから、無音で時が流れると「満足していないに違いない」と感じて、テンションが落ちたりしがちだ。そこで、間髪入れずにコメントしてあげたい。具体的な指示やアドバイスである必要はなく、まず一言「ありがとうございます！」……これでいいのだ。それから、改めて伝える内容を考えればいい。

　回りくどいディレクションは嫌われる。何らかの注意を与える際に、まずは褒め言葉から入る…これは常套手段だ。しかし相手を気遣うあまり、回りくどい説明は気持ちが削がれてしまう。**「シンプル＆ストレート」**それは、どんな場合も基本なのだ。ボーカリストに限らず、人は煽てられれば木にだって登ることができるのだから。

■トークバック・マイクの品質

　次は、設備面から考えていこう。TBマイクは、実はスタジオで使用しているすべてのマイクの中で、最も使用頻度の高いマイクだ。また、そのマイクを通して、プロデューサーからミュージシャンに伝えられる内容は、音楽の方向性や出来具合を決める非常に重要な会話だ。微妙なニュアンスが、どう伝わるかによって、作品の仕上がりに大きく影響する。時には、ボーカリストの心理状態を左右する、大切な音声コミュニケーションをTBは司っている。

　それなのに、ミキシング・デスクにおまけで付いてきたような、ちっぽけなマイクで済ませているようではもったいないと思うのだが……どうだろう？　もし、あなたがその1人だったら、直ぐに最善のマイクに交換しよう。最高とまでは言わないまでも、音の良いマイクを選んでほしい。できれば、コンデンサー・マイクがオススメだ。私は、AKG／414を使用している。とはいえ、TB用にわざわざ入手したわけではなく、たまたまこのマイクの保有本数が多かったからだ。なので、いざとなると外してレコーディングにも使用している。専用のサスペンション・ホルダーと卓上スタンドで、ディレク

6-1

ションする人の口元に近い位置に置いている。遠くなれば、エアコンなどのノイズに埋もれて聞き取りにくくなるからだ。コントロール・ルームは、レコーディング・ブースほどには静粛性を重んじていない場合が多いので、意外とTBの音がノイズに埋もれて聞き取りにくい。実際にブース内でディレクションを受けてみると、聞き取りにくかったり、ノイズが多いことに驚かされる。TBスイッチを押すと、「サーーー」と、まずノイズが聞こえ、その中から声が聞こえているというような状況も決して珍しくない。実はこれ、TB回線に、AGC（Auto Gain Control＝一定のレベルに保つ回路）が組み込まれていることで、小音量時のノイズが増幅されることも一因だ。ウインドスクリーンを付けて、吹かれ防止も注意したい。TBマイクには、スポンジ製のカバー・タイプが良いだろう。

ミキシング・コンソールや、モニター・コントローラーの多くは、外部マイクが接続可能になっているので、比較的簡単に変更できるだろう。もし、TB用回線がコンデンサー・マイクに対応していないようであれば、ファントム電源アダプターを介して接続しよう。それだけの投資をする価値が十分にあるのだから……。

もう一度言う。**TBマイクは、最も使用頻度の高いマイク。そして、とても重要なコミュニケーション・ツール**であることを忘れないでほしい。

Column

「只今」が○　「少々お待ち下さい」は×

スタジオでレコーディングしていると頻繁に耳にする言葉として、「少々お待ち下さい」という言葉がある。ボーカリストから、「頭から聞かせて…」とか、「鉛筆ください」など、様々な要望が出た時に、思わず口をついて出る言葉だ。そんな時、「少々お待ち下さい」の代わりに「ハイ、只今」とか「すぐ参ります」と伝えるだけで、非常に心地良く、"待たされている"という印象を軽減することができる。

シチュエーションや話者のキャラクターに合わせてアレンジするのも良いだろう。例えば、「すぐ伺います」「ただいま伺います」「かしこまりました」「了解！」「喜んで！」などなど…。

大切なのは、**否定的な言葉を使わない**ことだ。「できないと思います」ではなく「やらせてみてください」とか、「無理です」ではなく、「がんばります」と言うわけだ。

さて、実際に少々待たせてしまう時でも、「少しお待ちください」は極力使わず、「ただ今参ります」とまず伝えるわけだが、もし、待たせている状況が長引きそうな時には、「もう少しですので……」と途中で伝えたり、更に長い時間待たせるような場合は、大体の目処が立った地点で？「あと○分

6章　歌いやすい環境のために

くらいですので……」と正直に伝えよう。

そして目的を達成した時には、「大変お待たせしました！」と言って、丁寧に対応しよう。恐縮した気持ちから、ビクビクした態度をするのではなく、**爽やかな態度で伝える**ことが肝心だ。

また、お帰りの際には「先ほどはお待たせしてしまい、申し訳ありませんでした」などと添えて、頭を下げることができたなら、ボーカリストは、**またあなたと仕事がしたい**と思うことだろう。

! Tips 〜音の魔術師が明かす㊙テクニック

トークバック・フット・スイッチ

　Kim Studio では、TBスイッチをフット・スイッチでもリモコンできるようにしている。その理由は、両手をフリーにできるからだ。レコーディング中はとかく手が忙しい。でもほとんどの場合、足は空いている。そこで、その足でTBスイッチをオンにできたなら、手は他の操作をすることができる。ボーカリストとコミュニケーションを取りながら、次のトラックの準備が出来るわけだ。

　また、TBスイッチを押すとDIMがかかるので、その機能を利用しよう。コミュニケーションが終わって、次の録音を始める時に、そのままTBスイッチを足で踏んだままプレイ・ボタンを押すと、バック・トラックの音が出た瞬間に、まだDIMがかかっているので、ヘッドフォンから突然大きな音が流れ出さず、びっくりさせることがない。モニター音量が大きめのアーティストや、バック・トラックが激しい楽曲では、特に重宝する技だ。こうした細かい心遣いが、アーティストに対する優しさだ。そしてそれが信頼関係につながる。

　目には瞼があり、口には唇があるので、嫌なものを拒むことができる。しかし耳は、音を遮断することができない。だから音は、聞く者に選択権を与えないで飛び込んで来る。聞きたくもない騒音やBGMに悩まされた経験は、誰しもお持ちなことだろう。それは暴力のようであったり、時には心が病んでしまうことさえある。

　逆に、**音に対するちょっとした配慮**があれば、言葉で言わなくても、優しさや愛情は伝わる。

6-2

ボーカリストのためのヘッドフォン論

　ここでは、ボーカル録りに欠かせない、ヘッドフォンについてお話ししよう。ボーカル録りで必ず使用されるのがヘッドフォン。当然、ヘッドフォンのセレクトや使い方は極めて重要だ。最高の歌を引き出すために、機種選びや使用法から、モニタリング・テクニックまで、ソフト／ハード両面からアドバイスする。

■密閉型を選ぶ

　まず、ヘッドフォンの選び方。ヘッドフォンは、その構造の違いによって、密閉（クローズ）型と開放（オープン）型に分かれる。レコーディング用途としては、必ず密閉型を選ぶことが肝心。オーディオ的には、開放型や半開放型の方が、自然に聞こえるケースが多いかもしれないが、ヘッドフォンでモニタリングしている音が、マイクに入ってしまうので、完全密閉型にすべきだ。また、密閉型であっても、外部への音漏れ具合はかなり違っているので、レコーディングでは遮音度の高いものを選ぼう。

　メーカーのHPやカタログを見れば、型番によってそれを区別できる。例えば、Beyer dynamicでは、型番の末尾770シリーズが密閉で、990は解放となっている。SHURE／SRH1540は、密閉型の中ではあらゆる意味でお薦めだが、同じシリーズのSRH1840はオープン型なので、リスニング用には良いがボーカル録りには使えない。

　ボーカリストには、音質に誇張がなく、かつ重量の軽いものがオススメ。何しろ口と頭が、楽器のようなものだから、その動きを妨げず疲労の少ないものであるべきだ。

■イヤー・カップ形状は大事

　イヤーカップの形状による違いも重要だ。装着時に耳全体を覆うタイプの「オーバー・イヤー（アラウンド・イヤー）・タイプ」を選ぼう。ヘッドフォンには、他に「オンイヤー・タイプ」や「インイヤー・タイプ」など、いくつかの種類に分けることができる。

「オーバー・イヤー型」で、かつハウジングが「密閉型」のヘッドフォンであれば、耳が完全に密閉されるため、音漏れが少なく、録音しているマイクにバック・トラックやクリックの音が漏れて録音されることを避けられる。また、外部からのノイズも遮断できるため、レコーディングに集中できるというメリットも生まれる。

通常のレコーディングでは、ボーカルマイクに少々バック・トラックの音が漏れても支障がないと思われがちだが、時間軸を動かすようなエディト（微妙にタイミングをずらしたり【→3-2参照】、別の場所に移動させる場合）を行うようになると、ほんの僅か漏れた音でもリズムのずれた音は邪魔になるからだ。

■イヤー・パッドの質感も重要

イヤー・パッドが、ベロアかレザーかによって、低音の聞こえ方がかなり違ってくる。ベロアは、肌触りが心地良い反面、繊維の隙間から、エアーが漏れるため、低音の圧力はスポイルされがちとなる。当然、音漏れも大きくなるので、レザーの方がベターだ。

また、イヤーパッドが、大きすぎたり、側圧（両側から挟み込む力）が強すぎると、顎の動きを邪魔することになる。その一方で、オンイヤー・タイプは、顎や頬は自由になるが、隙間から音漏れしがちだし、側圧が緩いとやはり音漏れの原因になったり、歌っているときにずれていってしまう原因にもなり、歌うことに集中できなくなるので、避けたいところだ。

手でヘッドフォンを支えながら、歌っている人を見かけるが、無意識であってもそうした行為に気持ちがいくこと自体、ベストなレコーディングをするためには無駄であり、的確な環境が作られていない証である。

ところで、ボーカルの場合は、比較的大きなハウジングのものでも、重さが気にならなければ問題ないが、楽器によっては演奏がしにくくなるので注意が必要だ。例えば、バイオリンやビオラのボディーや、チェロやコントラバスのネック、あるいはトロンボーンのベルの根元部分などは、楽器が耳の近くにくるので、ヘッドフォンがぶつかる可能性がある。そのような場合は、ハウジングの薄いタイプのヘッドフォンを使用することで、回避できる。弦楽器などクラシック系のミュージシャンの場合は、耳掛けタイプを使用

6-2

することで、生音が自然に聞こえるようにする場合もある。

　また、使用中のヘッドフォンに手を加えて、さらに使い勝手を良くすることもできる。例えば、日本のレコスタでよく見かけるSONY／MDR-CD900は、前述のように楽器演奏時に邪魔にならないようにするためだったり、ドライバーをできるだけ耳に密着させる目的で、イヤー・パッドには厚さがないため、長時間のボーカル録音では耳が痛くなりがちだ。密着した感覚はリズム楽器の人には好評でも、ボーカリストにはそれほどドライバーが密着している必要はない。またボーカリストは口の動きに伴い頬が動くことで、そこに接するイヤー・パッドが、わずかではあるがヨレたり擦れたりするので、実は肌への当たり方で歌いやすさにも影響が出てくるのだ。かといって、イヤー・パッドの小さいオンイヤー・タイプでは、今度は外耳が痛くなってくる。そこでイヤー・パッドを交換するわけだ。

　具体的な対策としては、YAXI製の同機種の専用交換パッドや、audio-technica／ATH-SX1a用のイヤー・パッドに交換するのだ。厚さや柔らかさが違うので、快適さや音漏れを大幅に改善できる。同様の効果として、海外のレコスタでよく使用されているAKG／K271のイヤー・パッドをYAXIに交換するのもお薦めだ。私のKim Studioでもk271は最も多用されているヘッドフォンだが、すべて交換している。パッドの質感と弾力性が着け心地良く、密閉度が上がることで低音感が増して音質もアップする上に音漏れも減り、一石二鳥どころか三鳥だ。少ない投資で大きな効果が期待できるので、これらの機種を使っている人がいれば、ぜひ試してみてほしい。

■装着の仕方も見逃せない

　ヘッドバンドの長さや両サイドのプレッシャーを的確に合わせることも大切。多くの人は、耳たぶの後ろに窪みがある。イヤー・カップが立体的になっていないほとんどのタイプでは、この部分の密着度が緩くなってしまう。当然音漏れの原因にもなる。音楽鑑賞で装着する時よりも、ほんの少しだけ後ろ気味に装着したり、逆に耳たぶを起こすような形で、ぐっと前にするなど、位置を工夫するだけで、音漏れが減り、顎や頬の動きを妨げる要素も減るので、試してみよう。

ヘッドフォン・ケーブルは、肩の後ろから背中側に回しておくことで、歌に集中しやすくなる。特に、アコースティック・ギターの弾き語りでは、ケーブルが楽器のボディーに当たって音が生じやすいので、必ず背中側に回そう。

■ボーカル録りに向いた音質

　後になったが、ヘッドフォンのチョイスで一番肝心なことは、実は音質だ。ボーカル・レコーディングのモニター用としては、昨今はやりの重低音が強調されているタイプは避けた方が良いだろう。気持ち良くモニタリングできたり、ノリノリで歌えるが、ボーカルに求められる声の抑揚を正確にキャッチするためには、重低音は必要ないばかりか、必要以上に強く歌うことになりがちだからだ。フルスロットルで、シャウトしてしまうのは決して良い結果にはならない。シャウトしているかのように聞こえるボーカルでも、ノドをコントロールしてそう聞こえさせる方が、より説得力があるのだ【→2-1参照】。

　一方、高音域が強調されすぎているタイプも避けたいところだ。長時間聞き続けていると疲れるし、ボーカルの息遣いを聞き取りにくくするからだ。オーディオ観賞用のヘッドフォンは、ハイエンドが強調気味なものが多いが、それを活かすボーカル録りに効果的な使い方をご紹介しよう。まず、バック・トラック（カラオケ）・ミックスのバスのハイエンドを抑える(*1)。そしてボーカルだけはそのままモニターしているヘッドフォンに戻すことができるなら、そのスタイルに慣れれば、息のコントロールを正確に把握できる。実は、実力派で通っているボーカリストには、スタジオ用の一般的なヘッドフォンを嫌い、こうした方法でモニターしている人も多い。センシティビティーが高いヘッドフォンを使用することで、モニタリング音量を落とせるし、声の微妙なニュアンスが聞き取れるからだ。

＊1　ボーカルの倍音を邪魔するようなレベルの大きい高音域を抑えることが目的。トータルEQをインサートする形でも良いが、ベストなのは、マルチ・バンド・コンプだ【→4-6参照】。ハイエンドのスレッショルドを低いレベルでも掛かるようにすることで、パワフルな高音域を抑えてくれる。さらに中域のパワー感や、キック＆ベースのアタック感も適度に抑えるようにすれば、コントロールしている自分の声が、キチンと聞こえて、すこぶる歌いやすくなる。その結果、ライブのように張り上げる必要がなくなる。

6-2

　また、ノイズキャンセリング・ヘッドフォンは避けるべきだ。構造上ヘッドフォンの外部で鳴っている音をキャンセルするわけだから、録音すべきボーカルにも影響を与えてしまうためだ。また、イン・イヤーのイヤフォンも避けよう。高い音圧での長時間の使用によって、耳を痛める可能性があるからだ[*2]。

■ヘッドフォン用フックやスタンド

　ヘッドフォンは、モニタリング・ツールとして、極めて重要であるにもかかわらず、その大きさや形のせいで、意外と乱雑に扱われているケースが多いようだ。落下などで特性が落ちていたり、プラスチック部品に亀裂が生じたりアームが変形するなどで、きしみ音が発生するようになっている物も見かける。それに気付かず使用していたとみられる、メカニカルなノイズが入ったボーカル・トラックに出会うこともある[*3]。

　そんな時、マイク・スタンドやデスク・サイドに取り付けられる、ヘッドフォン用のフック[*4]やスタンドを使うことで、安定した保管と、スムーズなオペレーションが可能となる。ボーカル収録時に、ストレスなく着脱ができることで、ボーカルの仕上がりが驚くほど違ってきたりする。1回、2回ならさほど気にならなくても、何度も何度も重なると気付かないところでストレスになってしまうものだ。スムーズなオペレーションは、どんな場合でも大切にしたい。

[*2]　【2-3】のイヤモニに関する記述でもお伝えしたが、『若者の2人に1人に難聴のリスク』と言われている。難聴の対策には細心の注意を払って欲しい。音質の良いオーバー・イヤーのヘッドフォン1つで、一生お付き合いする耳を傷めずに済むのであれば、数万円の投資は、決して高いものではないだろう。

[*3]　ミックスダウンを依頼される仕事も非常に多いのだが、ボーカル・トラックに入っているノイズを取るために大幅に時間を取られた経験もある。昨今はノイズ除去ツールが良くなっているとはいえ、処理したことで、ボーカルの音質は少なからず変化してしまうし、ノイズを目立たせないために思い切った音処理ができず残念に思うこともある。だから、事前にヘッドフォンを動かしたり振ったりしてみて異音がしないかチェックしよう。また、エンジニアは録音開始時に（できれば事前に自ら歌ってみて）ソロでチェックすべきだろう。セルフ・プロデュースの場合は、仮に歌ってみて、プレイバックをソロで聞いて、ノイズや歪みなどの問題がないかをチェックしてからレコーディングを開始しよう。何トラックも歌ってみてから気付くようでは勿体ないし、まして気付かずにミックスに臨むようなことにならないようにしよう。

[*4]　【1-4】で写真と共に紹介している。

6章　歌いやすい環境のために

■マイ・ヘッドフォンのすゝめ

　マイクの項でも触れたが、ボーカリストが、マイ・マイクとマイ・ヘッドフォンを持つことをオススメしたい。いつでもどこでも、同じコンディションでボーカル録音ができることで、サウンドや歌い方に個性を作りやすくなるし、安定したモニタリングによって、ストレスなく歌うことができる。また他人が使って汗ばんだり、化粧品や香水が付着したようなイヤー・パッドを付けることで、不快な思いをせずに済み、快適にレコーディングに臨める。ヘッドフォンは、少々高価なものであっても、コンデンサー・マイクなどに比べれば手軽に購入できる価格だろう。**心はそのまま声や音楽に現れる**……自分に投資しよう。

> **! Tips ～音の魔術師が明かす㊙テクニック**
>
> ### オーバー・イヤー＆イン・イヤーのダブル・ヘッドフォン
>
> 　一部のアーティストは、長年のライブで耳を痛めてしまっており、爆音でモニターしないと聞きづらい人もいる。そうしたケースでも音漏れを少なくしたい場合のテクニックとして、イン・イヤーを装着して頂いた上に、オーバー・イヤーのヘッドフォンやイヤー・マフ（射撃などで耳を傷めないために耳を覆うヘッドフォンのような物）をして遮音する場合もある。これなら、ヘッドフォン漏れを気にすることなく、気兼ねなく音量を上げてもらえるので、意外と使える手法だ。
>
> 　この方法は、微弱な音の楽器を録音する際のヘッドフォン漏れや、クリニック漏れが気になるようなケースにも有効だ。
>
> 　実はこのダブル・ヘッドフォン方式、私が飛行機で移動するときに使用する技でもある。私の場合は、難聴ではないので自分が聞いている音楽が外部に漏れるのを防ぐためではなく、逆に飛行機のエンジン音から耳を守るためだ。外がうるさいとどうしてもイヤフォンの音量が上がりがちになり、知らず知らずのうちに耳を傷めることになるので、それを避けるために考案した方法だ。
>
> 　また、飛行機などで移動後に直ぐレコーディングやＰＡをしなければならない場合、耳を健全に保つために、耳栓をしてその上から、無音のノイズキャンセリング・ヘッドフォンをして移動している。長時間ノイズを聞き続けたり、一定以上の音量の音楽を聞き続けると、耳の聞こえ方の特性が、一時的に狂ってしまう。そうなると的確な判断ができなくなるので、こうした方法で耳を守っているわけだ。
>
> 　ただ、機内アナウンスやアテンダントさんの声も聞こえなくなるので、注意しよう（笑）。一方のアテンダントさんは、その騒音には慣れており、全く気にせず会話ができる聴力が備わっているようだ。また、目線を見ていると、唇の動きを読んでいるようだ。聴覚を視覚が補っている最たる例だろう。

6-2

> **Column** 🔍
>
> ### ヘッドフォンは清潔に！
>
> 　ヘッドフォン使用後は、イヤー・パッドをウェット・ティッシュで拭こう。次に使う時に、汗や匂いが気にならず、気持ちよくレコーディングに臨むことができる。汗や皮膚の油分が付着したままにしておくと、レザーが硬化する原因になるし、そもそも次に使うときに気持ち良くない。たとえ自分の肌から付いたものだとしても、装着した瞬間にやる気を削がれることにもなりかねないので、注意したいものだ。まして、他人の物だったりしたら、もうそれだけで不快になるだろう。
>
> 　イヤー・パッドにお化粧が付いていることもあるし、香水を耳の後ろに付ける習慣もあり、その香りが移っている場合もあるので気を付けよう。香りはなかなか取れないので、デオドラント効果の高いウェット・ティッシュが便利だ。いずれの場合でも、終わった直後であれば簡単に綺麗になるので、レコーディングが終わったら直ぐにクリーニングする習慣をつけよう。

> **Column** 🔍
>
> ### イン・イヤー・ヘッドフォンの功罪
>
> 　イン・イヤー・ヘッドフォンが売れている。スマホに付属されていることもあり、街中でも相当な比率で使用されている。スピーカーに比べコストパフォーマンスも高く、比較的安価なものでも、十分な音質を提供してくれる。
>
> 　そのお陰で、ステージでイヤモニを使うことに抵抗のない世代が増えたことに貢献している。
>
> 　ただし、音量には十分に注意したい。イン・イヤー・モニターで大きな音で聞き続けると耳を痛める可能性があるからだ。地下鉄の中で、十分に音楽を聞こうと思ったなら、騒音にかき消されてしまうので、相当大きな音にしていたりする。そのままの音量で静かな自宅で再生し、大音量にビックリした経験がある人も多いはず。
>
> 　特に密閉度の高いイヤモニ・タイプでは、さらに注意が必要だ。音が漏れないということは、音の圧力がダイレクトに届き、しかも逃げ場がないので、ステージでの使用、野外使用を問わず、音量を上げ過ぎずピークを抑えておくことが大切になる。
>
> 　そして、ボーカル録りから話は逸れるが、イヤフォンやヘッドフォンでばかり音楽を聞くのではなく、**スピーカーで音楽を聞く機会を作ろう**。耳に優しいし、音の距離感や方向を把握する聴覚も備わり、ミックスの奥行きも感じ取ることができるので、ボーカルが前に浮き出るようなミックスを作るにも必要なツールだ。

Appendix

音楽で幸せに生きるために
〜音の魔術師が教える音楽の魔法〜

Appendix

ボーカル曲をヒットさせるには

　Jポップの人気が高い。洋楽やインスト曲に比べ圧倒的だ。歌モノにしか興味がないという人も珍しくない。

　私は、『サウンド & レコーディング・マガジン』誌の2013年11月号、2014年2月号、5月号、10月号でボーカル関連の特集記事を書いたが、ミックスやエフェクトを解説するような他の内容に比べてダントツ人気だった。ボーカル曲は洋の東西を問わず人気で、我が国でも歌謡曲、ニューミュージック、Jポップ……と、時代とともに変化しているものの、いつの時代も人気が高い。特に昨今は洋楽がほとんど聞かれず、邦楽に人気が集中している。それほどまでに邦楽ボーカル楽曲が人を引きつけるのはなぜか!? ここでは、そこにスポットを当ててみたい。

直接リサーチするのが一番

　大学と大学院で、教授としてレクチャーを行っている。講堂や教室ではなく、SSLのハイブリッド大型コンソールDualityやGENELECで最大クラスのモニター・スピーカーを備えた本格的なレコーディング・スタジオで、私が手掛けた作品を実際に音として体感していただきながら、サウンド・メイキングの裏技から音楽ビジネスまで幅広く伝授している。教え方にも工夫を凝らし、一方的に解説するようなスタイルにはせず、コミュニケーションを大切にして多角的な視点で考えてもらう私独自のセオリーで行っている。受講者からは"目から鱗が落ちる講義でした"との感想を頂戴するなど、おかげさまで好評なようだ。

　また、その環境が現場で活かされた例として、2016年に我が国で初開催された"東京コミコン"の統括プロデュースをお引き受けした際、平均年齢が20代の人を集めるイベントとして企画制作するにあたり、学生たちの生の声は非常に参考になった。会議の場でおじさんたちが想像して話し合うだけではなく、ダイレクトに接することも大事だと感じた。

　そこで、ボーカル人気の秘密を探る際にも直接リサーチしてみた。学生に普段どんな音楽を聴いているかと質問してみたところ、予想通り圧倒的にボーカル曲が人気だったが、彼らからもたくさんのヒントをもらった。

ボーカリスト＝アーティスト

　ボーカリストはアーティストの中でも華のある存在。ボーカリストが"アーティストの代名詞"となっている傾向さえある。また、器楽曲の中にも、ボーカル楽曲をカバーしたものは多い。そう考えると、歌は誰もが生まれながらにして授かっているノドが"ソロ楽器"の楽曲。弦やリードを交換する必要もなく電源も要らない。声を出せば、そこに音楽が生まれる。しかも声は表現力がすこぶる高く、アーティキュレーションの自由度は楽器の比ではない。

　また、ノドが楽器となることによる一番の魅力は、歌詞が使えることだ。それはほかの楽器にはない特別な武器。言葉も音の一種だが、そこには意味があり脳の中でも最も優位性の高い言語中枢に訴えるので、あらゆる音の中で一番強い印象を与えることができる。リスナーに言葉でメッセージを伝えることができる点は、ボーカリストだけに許された特権と言えよう。

声には個性がある

　そしてボーカル曲の魅力の1つとして、声の個性が挙げられる。声は楽器と違って、一瞬聴くだけで誰のものであるか分かる。**それはフォルマントやピッチ、アクセント、イントネーションなどで構成される固有のものだ。**

　フォルマントとは、その人それぞれの声の特徴を倍音構成で表したもので、肉体構造にも起因する。声帯からくちびるまでが楽器のボディやホーンの役割を果たすことで、共振する周波数を持つ現象だ。だから、全く同じ音高で同じ発音をしても、誰の声であるかを認識できる個性が現れる。その一方で、似ている兄弟ではその識別が付かないこともある。

　それから肉体だけでなく、言語体系による発声方法の違いによっても起こる。いわゆるネイティブ・スピーカーのような発音がなかなかできないのもこのためだ。さらに、ピッチ変化やアクセントが個性を強調する。そこに感情がイントネーションとして加味されることで、さらに個性が構築される。**音楽に限らずアートにとって一番大切な個性が、音を出しただけで得られることはボーカル曲の大きな強みなのだ。**

Appendix

リズムの同調

　会話では、話すリズムとそれに対するあいづちやジェスチャーがテンポ良く呼応し合うことで自然なやりとりが生まれる。そんなときは脳波リズムまで同期していることをご存知だろうか？　これは科学的にも証明されていることなのだが、話のテンポ感が合う人と合わない人が居るという感覚は、誰もが日常的にも実感しているに違いない。ここでは話の内容は論じておらず、ノリが合うかどうかという現象についてである。会話の場合は、ガイドとなるテンポ感がないため、脳波リズムまで同期するに至るには、それなりの時間が必要だったり、そもそも合わないのが普通だ。ところが音楽が根底に流れていて、その音楽に乗って会話をすれば、同期しやすくなるのだ。ということは、**ラップや歌詞として歌われるときには、初めからリズムがあるため、それに乗せて言葉や歌詞を伝えれば脳が同調しやすくなる。**たくさんの人が集まっていても、一緒に歌うと心が1つになると感じるのもこのためだ。

　言葉のイントネーションを、メロディによって強調させたり、逆に違和感を持たせて印象付けたりすることで、言葉が音楽と一体となって訴えてくるメッセージは、リスナーの脳に強い印象を与える。これもボーカル楽曲だけが持つパワーの1つと言える。

声の表現力

　声は、音程、音量、音色を自在にコントロールできることも大きな魅力だ。もちろん楽器でもさまざまな音が出せるとはいえ、声ほどは自由が効かない。例えばピアノでプレイヤーができるのは、鍵盤で半音階から希望の音高を選ぶことだけで、ピッチは事前に調律師が決めた平均律の88鍵の音しか使えない。つまり音高は楽器任せであり、白鍵と黒鍵の間の微妙な音高を使用することは許されないし、異なった音高間をピッチ・ベンドやスライドしたり、音程を揺らしてビブラートさせることもできない。もちろんピアノは、それらが利点の魅力的な楽器であることは言わずもがなだが、ボーカリストはそれらを自由に駆使することができ、その音程の取り方や変化のさせ方こそが個性となる。

　であるならボーカルは、そのピッチの自由度や表現力を活かすべきであるのに、昨今のJポップではピッチ補正によって個性をわざわざスポイルしている。音程が不安定だからという理

由で使われることが多いが、気になる部分のみを直すだけで十分であり、オート・モードで常にかけっぱなしにするのは個性を殺しているようなものだ。

　もしそれに頼らなければ歌として聴けないようであれば、それ自体が問題とも言える。ビジネスとしてそうした行為が行われること自体は理解できなくもないが、そうして作り上げられた音楽が、次世代の目標になっていることに疑問を感じる。芸能やエンターテインメントに対して、音楽に求められるべきものは本来違うはずなのだが混同している。ピッチ補正して個性が失われた歌ばかりが目標になったり、卓越したテクニックで表情豊かにコントロールした歌を聴く機会が大幅に減っている現状は、残念だと思う。

　そういった意味では、まだピッチ補正プラグインなどが生まれる前の時代のスタンダードやジャズのボーカル・チューンを聴くことは、声による表現力の豊かさを知る上ではとても役立つのでお勧めだ。特に洋楽における表現は実に幅広い。

　その一方で、音響機材の進化のたまものとして、強いピッチ補正がもたらすケロケロ・ボイスが英語で"The Cher Effect"などと呼ばれているように、アートや表現手法として定着させた功績は素晴らしいし、ピッチ補正が前提、あるいはそれも込みで成り立つアーティストも居る。

ボーカル楽曲のビジネス

　ボーカル曲に高い人気があることは、とりもなおさず音楽ビジネスの中心となっていることでもある。そこでボーカルとそれにまつわる音楽ビジネスについて考えてみたい。

　ボーカルの人気が高い理由として、ソロとしてどんな楽器にも出せない表現力があることや、声には個性があり、その声で歌詞に乗せてメッセージを伝えられること、これらが強い武器であることは前述した。タレント性を強くアピールしやすい立場でもあり、芸能的な意味合いでビジネスの商材として魅力があることも確かだ。つまり、ボーカル曲はビジネスになるから宣伝をするし、当然露出も多くなり目を引くわけだ。換言すると、宣伝に踊らされている感も否めない。

　ところで歌は、楽器を介在させないので、特別なスキルがない人でも誰もが表現できる。ボーカリストが活躍しているのを見てあこがれるのも無理はなく、自分も歌ってみたくなるのは当然だ。そこで手軽なのはカラオケだ。

Appendix

　歌っていて気持ち良く、大きな声を出すことでストレス発散できる。一人で歌っても楽しいし、仲間とのコミュニケーションの場として手頃で、特に道具も要らず年齢や性別も関係なく、たとえ共通の話題がなくても場所さえレンタルすれば、特に会話がなくても成り立つ。そうしたことが現代人のニーズに合っていてビジネスとなっている。

　カラオケは、我が国発信の音楽ビジネスとして世界各地に広がっている。故に海外でも"Karaoke"と呼ばれている。英語でもフランス語でもスペイン語でも中国語でも、微妙な発音や文字は違ってもそれは変わらない。柔道や豆腐同様、それが発祥だからだ。またカラオケがこんなにも世界中に普及したことは、みんな歌が好きだということの証明にもなっている。

　一方でボーカルは、楽器のように、練習することで弾けるようになるという目標設定や達成感を味わいにくい。逆にそこに着目した音楽ビジネスは音楽教室だ。楽器演奏を通して音楽のすそ野を広げた功績は大きいし、ピアノなどが弾けるようになる幸せ、発表できる喜びを味わう機会を作ってくれている。最近ボーカル人気に押されている感は否めないが、それよりは、そもそも練習することを望まない若い世代を相手にすることがビジネスとしてのハードルを高めている。その点、中高年からの人気は相変わらず高く、こうしたことからも世相がうかがい知れて面白い。

理想的な歌声とは

　ボーカリストとして理想的な声とは、どういう声のことを言うのだろう。"あの人の声はよく通る"という表現や、声の高い低いとか、太い声細い声といった言い方も、声に対する形容詞だ。ここでの高い低い、太い細いというのは平均的なフォルマントのことを言っている。フォルマントとは、前述の通り声に含まれる基本的な倍音の特徴を指す。だから全く同じ音で歌っていても、それぞれが違う声だったり、誰の声だか判別できるのだ。であるなら理想的な倍音構成の持ち主とか、歌に向いたフォルマントを持つ声というものがあるのだろうか？　その辺りを探ってみよう。

　合唱などで4声のハーモニーをするとき、最も高いパートを受け持つソプラノが主旋律を取ることが多い。メロディを担当するリード・パートとなるわけだ。オペラではソプラノやテノールが主役となるシーンが多いように感じるが、少なくともポップスにおいては必ずしもこの理屈は当てはまらない。特にレコーディングやPAが発達した現代においては、よく通る

声とか大きな声が出せることのメリットは少なくなっている。それよりは"いい声"が求められている。ではいい声とはどんな声を言うのだろうか。

　美しい、透明感がある、耳当たりが良い、魅力的、ミラクル・ボイス、パワフル、説得力がある……など声を評価する表現は数多くある。好みもあるので、優劣をつけることは難しいが、物理的に特定できる声の高低に着目してみたい。

　私は子供のころに聴いたカレン・カーペンターの歌う「イエスタデイ・ワンス・モア」の冒頭のフレーズが、とても低いところから入ることが好きだった。当時の日本の歌謡曲が高い音程を使って熱唱することが多いのに対して、妙に惹かれたからだ。とはいえ、"低い声＝魅力的なボーカル"という方程式は、必ずしも成り立ちはしない。音程が低いことと、低く聴こえるフォルマントを持つことの違いもある。

　ただ1つ確実に言えることは、プロとして長く活躍しているボーカリストには、声が個性的で聴けばすぐ分かるとか、歌唱力が高い、表現力が抜群、良い曲を作る、容姿や演出力が優れているなど、何かしら必ず理由があるということだ。研究してみよう。

声から受ける印象

　海外の知り合いから、日本人の女性の声を"高い声"だと言われることが多い。日本人にとっては別段高い声だと思わないような人に対しても、そう感じていることがうかがえる。そこで調べてみたところ、確かに平均的な日本人は欧米人に比べ、フォルマントが高めだ。これは肉体的な構造による部分もある。つまり体が大きい方が、声帯やそれにつながるノドが大きく、基本的に声が低くなる傾向がある。しかし実際には、言語に起因する文化が大きく影響しているようだ。興味深いことに、高い声で話す女性が魅力的と感じる日本人と、低い声で話す女性が魅力的と感じる外国人で意識の差があるのだ。テレビのキャスターの声にもその差は明確に感じられるし、日本人の女性が見知らぬ人からの電話に出る際、普段よりも高い声で"もしもし"と出たりするのは、まさにこの現象だ。より魅力的に見せようとする表れだ。

　それに対して、例えば外国のホテルでコンシェルジュに話しかけたときに落ち着いた低声で"May I help you?"と対応してくれると妙に安心する。アイドルがインタビューに答えるとき、妙に高い声で話すのに対して、グラミー賞の受賞スピーチが低い声に感じるのは、そういった文化的な意識の差が大きく影響している。もちろん元々の声質もあるだろうが、あえて低

Appendix

い声で優しく語りかけることで知性をアピールするのか、普段より高い声で話すことで、かわいさや若々しさを強調したいのかということだろう。

ほかにも、日本語と外国語の言語による違いもある。日本語にはアクセントや倍音が少なく、音質の変化で表情をつけにくいので、音（特に母音）の高低で表現をすることが多くなる。日本語は"です""ます""だ"など文の最後を低く落ち着かせると綺麗な話し方になるため、表情豊かに話そうとすると、フレーズの頭でかなり高めの音程で入っておかなければ最後に低い音程で落ち着かせることができず、それにより声が高い印象を与えていることも確かだ。

さて、音楽表現に向いた声やふさわしい声はあるだろうか？ ピッチ・コントロールやフォルマントを変えることさえも容易になった現代では、オリジナルの声を単なる素材として考えて、声質を加工することも可能だ。そうなると重要なのは、表現力ということになってくる。**歌の表現力とは、一つ一つの音と、それらがつながるさまをどうコントロールするかということ。**心で思い描いただけでは声にならず、どう歌えばどう聴こえるかを知ることが大事になる。

それは音程だけではない。いい声を出そうとしたら、自分の声が一番魅力的に聴こえる強さを知るべきだ。無理に大声を出すと音が細くなる。

高い声を出そうとするとき、大きな声でないと高い声が出ないと思っている人が多い。確かに勢いよく息を出すことで高い声になることもある。それは吹奏楽器なども同じだ。歌でも楽器でも、高い音が強くなり過ぎると耳障りになることが多い。**最も魅力的な響きのまま、高い音を出せるような工夫が必要だ。**

歌詞と言語との関係

歌詞をどこの国の言葉で歌うか、日本語と外国語では、状況は大きく変わってくる。特に英語では子音で終わる言葉がたくさんあるが、日本語はすべて母音で終わる。例えば"Dog""Cat""Desk"は、"g""t""k"と子音で終わるが、日本語だと"いぬ""ねこ""つくえ"となり、最後が"u""o""e"と母音で終わる。**母音は子音のように発音時に口が閉じたり、息が止まったりすることがないので、音の終わりがあいまいになる。逆に子音で終わると、音の切れ際がハッキリするので、音の頭と終わりの2箇所でビート感を表すことができる点が音楽的だ。**

英語で"Love"、日本語では"愛"と歌うとしたら、英語ではアタマのアタックが強く、音の終わりには子音があり、音の始まりと終わりが明確である。これに対して日本語では、アタマ

が母音なのでアタックが不明確な上に、次第に消えるような形で音が終わることになる。英語では、こんなわずかな単語でさえグルーヴ感が出しやすくなる。また**日本語では単語の終わりがあいまいなため、音の終わりを意識しないで歌いがちだが、たとえ子音で終わっていなくても、語尾を意識するだけで見違えるように歌がうまく聴こえ出すのでトライしてみてほしい。**ミックス時に、波形編集によってボーカルの音の長さを調節することで、音の終わりのグルーヴを作り出すことも効果的だ。

音の始まりだけでなく、音の終わりも意識するということは、ボーカルだけの話ではない。特にそのようなグルーヴ感に直結したパートにおいては非常に効果的だ。

ブレスはバック・スイング

ここでブレスについて考えてみたい。歌は、吸った息を吐き出す行為に伴い発せられている。だから声を出すには、まずその元となる空気を吸い込む動作が重要になる。それこそが歌を歌うとき欠かせない"ブレス"だ。

また、人間は生きていくために、酸素を吸収したり二酸化炭素を吐き出す。そのためにも、呼吸が必要だ。健康の維持や病気を防ぐためにも呼吸は重要だと言われている。

つまり生命維持と音楽的な表現の狭間でブレスをすることになる。しかし私たち人間は、呼吸を意識下で行っているわけではない。心臓や胃腸などと同じで、身体が勝手に動かしている。実際には小脳がつかさどっている。しかし歌を歌うという行為はこれらとは少し違う。大脳が判断したり考えたりしている。その行為を繰り返していることで、小脳がブレスの仕方を覚えていく。自然と無意識でブレスができるようになる。したがって、音程の取り方や、ビブラートのかけ方などは無意識な動作となる。

この現象は、水泳や自転車の乗り方を覚える行為と近く、いったんできるようになり、大脳から小脳にコピーされ、やり方を覚えてしまうと、無意識にできるようになる。

ボーカルにおけるブレスは、ほとんど無意識のうちに行われているわけだが、そこに注目してみよう。

息が足りなくなったので吸ったり、とりあえず吸って、次の音まで待っているようではダメだ。次の音のタイミングに合わせて直前に吸って、吸ったらすぐに歌うのが良い。その感覚は、野球のバッティングやゴルフのバック・スイングに近い。打つための動作をより効果的にする

Appendix

ためにバック・スイングを行うのであって、前の動作の延長ではない。次の準備のためである。バック・スイングして頂点に達したら、そこから一気にスイングする。待っていては瞬発力が出ないからだ。

　ブレスの場合、息を吸うのは前の動作との一連の行為であるとともに、次の歌を歌うための準備と重なることも多い。前の音の終わりはブレスの始まりではなく、発声の終わりであって、吐き終わるタイミングが大事ということ。つまり、音の終わりを意識することが重要。音には、始まりがあるだけでなく、長さがあり終わりがある。それを意識すると、1つの音に2つのアタックがあることに気づく。前述のように、英語は子音で終わる単語が多いので、音の切れ際を意識しやすいが、日本語は母音で終わることが多いので、あまり意識していないことが多い。

　ブレスの始まりは、あくまでも次の音のための準備であり、バック・スイングのようにタイミングよく吸うことが大事なのだ。これは歌に限ったことではない。楽器の演奏も音の切り方は大切だ。休みも音楽なのだ。

マイクの使い方

　ところで、ボーカリストにとってのマイクは、ギタリストにとってのエフェクターやアンプのようなもの。**そこも含めて自分の声**という認識を持つべきだ。

　一般的に生の音は、録音されたものや電子的なものよりも音が良いとされている。しかし音楽、特にポップスにおけるボーカルに関しては、それは必ずしも当てはまらない。

　私たちが記憶に残っている歌とか、名文句のスピーチなどは、実は**必ずマイクを通した音を記録している**ことをあらためて考えてみてほしい。その場に居合わせたごくわずかな人だけがダイレクトに生の声を聞いており、時空を超えて聞く大多数は、マイクがとらえた空気振動である。そう考えるとマイクは非常に重要なアイテムだ。しかもそれが音楽の中心となっているボーカルをとらえるものだと考えると、最高に重要な録音装置なのだ。それなのに現実には、非常にラフに扱われている印象がある。ボーカリストがマイ・マイクを持っておらず、スタジオやライブ会場にあるものを適当に使っているケースも多い。マイクは、楽器に比べて決して高価だとは言えないが、意外とマイ・マイクを持っているボーカリストは少ない。また、マイク越しの音を聴いているということは、実はマイクだけに限らず、マイク・アンプやEQ、コンプレッサーあるいはディレイやリバーブのようなエフェクトも含めて聴いていることになる。

つまりそれも含めてボーカリストの個性ということだ。

ボーカリストに伝えたいこと

　ボーカリストに伝えておきたいことがある。冒頭にも述べたように、ボーカルはバンドの中心的な存在であり、音楽ビジネスの中心であるとさえ言えるだろう。だからこそ考えてほしいことがある。ボーカリストはそれだけ重要な役割を担っているということを。リーダーが誰であるかは別にして、目立つ立場に居る分、**周囲の人に対して、感謝する気持ちや謙虚さを忘れないでほしい**。そして、周りの人もそれを盛り上げるチーム・ワークができてこそ、アーティストを育てたり長く活躍できる環境が構築される。

　日本人には、古くから素晴らしいチーム・ワークがある。主役や主体を引き立たせるために、それを支える数多くの人たちが居ることが、まるで当たり前のようになっている。日本に日々暮らす人たちにとっては当然なことでも、外国人の目には驚くべきこととして映っていることがある。例えば、翌日には必ず届く宅配便。数分ごとに発車しても事故が起きないJR山手線。いつでも綺麗なトイレ……と、枚挙にいとまがない。**こうしたチーム・ワークが、実は音楽業界でもアーティストやボーカリストを支えている。自分が輝いていられるのはサポートしてくれる人のお陰である**。そうした意識が理解され、深く浸透することを願っている。そのためには、その中心となる人の振る舞いは、極めて重要なのだ。

個性が大事

　音楽は、個性が大事。他人と比べる必要はない。4小節聴いて誰の音楽か分からないようでは、息長く活動するアーティストにはなれない。個性をどう出せばよいか、どう見付ければよいか？　**できるだけたくさんのものを聴いて体験して、その上で自分が好きなものを取捨選択していくべきだ。嫌いなものは、なぜ嫌いなのかどこが嫌いなのかを分かるところまで聴く**。それだけの手間や時間をかけるだけの価値があるだろう。決して損はないと思う。

　後は自分の好きなものを並べて、好きなように組み合わせよう。それは音楽だけではなくて、日常の身近なこともすべて同じ。洋服やバッグ、車や時計、本や映画、すべてに言えると思う。

Appendix

　好きなものに囲まれて生きていくこと。それこそが一番の幸せ。ただ食事だけは気を付けてくださいね、偏食は体に悪いから……。

　音楽にはメッセージがある。**特に歌詞を伴うボーカル楽曲は、人の心を動かすことができる。人の人生を変えるほどの力がある**。だからこそ大切に歌ってもらいたい。聴く人のためにも、自分自身のためにも……。

Concept Message

「音楽は耳から"効く"お薬」

音楽は、食べ物のようにお腹を満たしてはくれませんが、
"心"を満たしてくれます。

食べ物のように賞味期限はありません。

音楽は、薬のように治療はしてくれませんが、
疲れを癒してくれます。

薬と違って副作用の心配はありません。

音楽は、お金や物のように財産にはなりませんが、
豊かな気持ちにしてくれます。

覚えてしまったメロディは、
消えてなくなることはありませんし、
誰にも奪うことはできないのです。

一生……そう、ず〜っと、あなたのそばに居てくれるのです。

あとがき〜今の環境、そして未来

　環境は大事だ。自分をどんな環境に置くのか、それが一番大切だ。どんな組織に身を置くのか、どんな制約の中で仕事をするのか、自分が望むことを実現するためには、まずそれを選ばなければならない。もし自分に向いた環境とか、理想的な環境がなければ自分で作るしかない。それは道具を選ぶときも同じだ。私は、自分が望む環境がなかったのでそれを作ってきた。自分が理想とする道具がないときは自分で作った（http://www.k-i-m.co.jp/laboratory.html）。また、自ら作ることが難しいようなものは、メーカーにアイディアを提供して製品化に協力してきた。結果として、私の作ってきた作品（原盤やコンサート）は、お陰様で皆様に評価していただけるものになっている。「原盤制作」や「コンサート演出」でググって頂くと、私が創立した『株式会社 ケイ・アイ・エム』のHPがトップページにヒットしている。また同じキーワードで、「画像」検索して頂くと、弊社Kim Studioや私が手がけたコンサートの写真、楽器庫などの写真がトップヒットしている（2019年執筆時）。音楽を生業としている会社や方々が膨大にいらっしゃる中で、こうした結果になっていることは、私の作った作品に興味を持って調べてくださっている方が非常に沢山いらっしゃることと感じている。そうした事実も、この書籍を書く原動力となった。ご評価くださっているのであれば、その手法をお伝えしたい。そうすることで、日本中そして世界中の音楽が少しでも良くなるなら、私がこの世に生を受け、頑張って考えたり生み出したりしながら生きてきた価値がある。

　この書籍に書かれていることは『サウンド＆レコーディング・マガジン』で執筆してきたことを根幹とし書籍化している。しかし、その内容は実はかなり違っている。そしてそこに大きな価値がある。何故なら、雑誌では制約が非常に大きく、書きたいこと言いたいことが十分に伝えられなかったからだ。

　まず紙面の制約だ。お陰様で大きな特集をシリーズで担当させていただいたが、ページ数の制約は当然あった。例えば6ページと言われれば、その文字数の中で完結しなければならない。しかし、まず自由に書いてみると10ページ分もあったりした（笑）。半分近い情報を削るしかなかった。また、雑誌にはそれぞれにコンセプトや規約がある。図版や写真と文字の比率に決めごとがあるので、必ずそれ相応の図や写真をインサートしなければならない。それから文字の使い方にも規約がある。例えば「聞く」と「聴く」は、私の中では違うイメージなのだが後者に統一されたり、「魅かれる」や「惹かれる」がすべて「引かれる」に訂正される。「綺麗」は「奇麗」になり違和感があり、「明瞭」は「明りょう」とされ「不明瞭」は「不明りょう」となってしまい、違和感を通り越して可笑しい。致し方なく「明りょうではない」とするしかなくなる。しかしそれはそれぞれの環境の中での"規則"なのだから致し方ないことだ。その狭間で筆者の意図や意思が改竄されることもある。

　とはいえ、仕事とは与えられた枠の中で進めるものだ。その中で素晴らしい結果を出すことも重要だと考える。だから、編集担当者も心を鬼にしてバッサリとカットしたり、期限を与えて急かしてくださったこともわかっている。それは音楽制作も同じだ。締切があり、予算がある。曲作りの中でも、ボーカリストの声域の限界もある。売れているアーティストは録音スケジュールがなかなか取れないなど、様々な実情の中で行われる。私たちは、そうした制約を乗り越えて、あるいはそれらを守った上で、仕上げたり納品したりすることになる。それでも確実に行えるのがプロだと思っている。

　スポンサーを気にして、伝えたい情報を大きくそぎ落とさなければならなかったり、様々な条件の中でまとめたことなど読者は全く知らないことだ。タイトル1つを考えるにしても、50ものタ

イトルを考えたが、採用されるのはたった1つだ。また、どれだけ原稿をカットしたり直したりしようが最後に残った結果だけがすべてなのだ。これは、本書の中でも述べたように、ボーカル・トラックを何トラック録ろうが最終的にはたった1つのトラックだけであることと同じだろう。

ところで、私は音楽制作会社やレコード会社などに所属（就職）したことがない。はじめからフリーで仕事をしてきた。だから、いろんな意味で仕事の枠は自分で決めて、自分で実行し守ってきた。そういった意味では、雑誌のように、そもそもの規律や枠がある中で自分の考えを主張しようとすることに無理があり、編集長や編集部が優先する枠の中で仕事をすることがタイプ的に向いていない、あるいは良いところを発揮しにくいのかもしれない。しかし私は、非常に沢山の読者を持つサンレコであれば、沢山の方々に読んで頂けると思って執筆してきた。それは音楽業界全体の質を上げたいという思いからだ。自分を育ててくれたサンレコに恩返ししたいという気持ちもあった。そんなわがままにお付き合いくださった編集の皆様には、心から感謝している。

そんなわけで、これまでの特集記事をお読みくださった方であっても、改めてこの書籍で私からのメッセージを受け取ってほしい。削られて消えていた部分や、書籍化するに際して大幅に書き足している部分に、私が一番言いたかったことが書かれていたりするのだ。絶対に新しい発見があることだろう。

私は、SNSを使って自分の考えを発信することをやってない。以前、ラジオ番組のパーソナリティーとしてメッセージを発信していた頃もあったが、毎週2時間の番組制作は負担が大きすぎて、1年ほどで続けられなくなった。

そんな様々な中で、この書籍では、個人的な意見でも遠慮せずに有益な情報を書かせて頂いた。その中で「自分の考えとは違う」…と、微妙に食い違うこともあるだろう。だから、すべてが正しいとか正解として捉えていただく必要など全くない。読者の方がそれぞれの立場で、自分に役に立つ情報があったなら採用してくだされば十分だ。たとえ1つでもそれを見出して頂けたなら幸いだ。日々の業務の合間に、寝る間を削って書いた甲斐がある。

実は、ボーカルに掛けるディレイ＆リバーブや、ミックスに至るまで網羅するつもりだったのだが、前述のように自由に書きながら、気付いてみると、なんと20万字を超えて予定の倍以上（笑）。ということで、今回は見送ることになった。特にディレイ＆リバーブは、お陰様でサンレコの特集記事でも超人気だったので、皆様からのリクエストが多ければ、またこのような形でお届けできれば幸いに思う。

この書籍をお読み頂いたことに感謝している。最後に改めて、心からありがとう！

きっと皆さんが、未来の音楽や歌を素敵にしてくださることだろう。
どうかよろしくお願いします!!

伊藤圭一
レコーディング・エンジニア＆プロデューサー
（録音技術者　兼　製作者）
サウンド・スーパーバイザー（音楽音響監督）

株式会社ケイ・アイ・エム（Kim Studio）：代表取締役
http://www.k-i-m.co.jp

洗足学園音楽大学 / 大学院：教授
https://www.senzoku.ac.jp

公益財団法人 かけはし芸術文化振興財団：理事
http://www.kakehashi-foundation.jp

歌は録音でキマる!

音の魔術師が明かす
ボーカル・レコーディングの秘密

定価 2,420 円（本体 2,200 円 + 税 10%）
2019 年 4 月 19 日　第 1 版 1 刷発行
2021 年 9 月　1 日　第 1 版 2 刷発行
ISBN978-4-8456-3372-2

著　伊藤圭一

【発行所】
株式会社リットーミュージック
〒 101-0051 東京都千代田区神田神保町一丁目 105 番地
https://www.rittor-music.co.jp/

発行人：松本大輔
編集人：野口広之

【乱丁・落丁などのお問い合わせ】
TEL：03-6837-5017 ／ FAX：03-6837-5023
service @ rittor-music.co.jp
受付時間／ 10:00-12:00、13:00-17:30（土日、祝祭日、年末年始の休業日を除く）

【書店様・販売会社様からのご注文受付】
リットーミュージック受注センター
TEL：048-424-2293 ／ FAX：048-424-2299

【本書の内容に関するお問い合わせ先】
info @ rittor-music.co.jp
本書の内容に関するご質問は、E メールのみでお受けしております。お送りいただくメールの件名に『歌は録音でキマる！』と記載してお送りください。ご質問の内容によりましては、しばらく時間をいただくことがございます。なお、電話や FAX、郵便でのご質問、本書記載内容の範囲を超えるご質問につきましてはお答えできませんので、あらかじめご了承ください。

編集担当：橋本修一
デザイン／ DTP：松本和美
DTP：高橋玉枝
写真：伊藤圭一、小原啓樹、八島崇、白澤正
協力：青柳美晶、村上涼真、森優紀

印刷／製本：株式会社リーブルテック

©2019 Keiichi Itoh
©2019 Rittor Music Inc.
Printed in Japan

落丁・乱丁本はお取替えいたします。本誌記事／写真／図版などの無断転載・複製は固くお断りします。